"十四五"职业教育国家规划教材

获中国石油和化学工业优秀教材奖一等奖

化验室组织与管理

第四版

● 姜洪文 陈淑刚 张美娜 主编

化学工业出版社
·北京·

本书是"十四五"职业教育国家规划教材，按新的标准和行业规范进行修改与完善，配套了电子教案，订购本书的老师可登陆 www.cipedu.com.cn 免费下载。

本书将环境保护理念融入理论知识的介绍中，引入了提高学生道德素养的思政案例，体现了党的二十大报告中的"坚持绿水青山就是金山银山的理念"，"坚定历史自信、文化自信"的内容。

本书主要内容涵盖化验室组织机构与权责、化验室建筑与设施建设管理、化验室检验系统及管理、化验室质量与标准化管理、化验室检验质量保证体系的构建与管理、化验室的环境与安全等。

本教材符合高职教育的需求，内容简明、实用、便于教学。在各章前面编有知识目标和能力目标，章后附有一定数量的思考与练习题，并配有相应的参考答案。全书采用了现行国家标准规定的术语和计量单位，有利于培养化验室工作人员分析检验及管理的职业能力。

本教材可供高职高专分析与检验类专业教学使用，也可作为企业化验室在职分析化验人员以及相关技术人员的培训用书。

图书在版编目（CIP）数据

化验室组织与管理/姜洪文，陈淑刚，张美娜主编.
—4 版. —北京：化学工业出版社，2020.8（2025.2重印）
"十二五"职业教育国家规划教材
ISBN 978-7-122-36342-8

Ⅰ.①化… Ⅱ.①姜…②陈…③张… Ⅲ.①化学实验-实验室-组织管理-高等职业教育-教材 Ⅳ.①O6-31

中国版本图书馆 CIP 数据核字（2020）第 034374 号

责任编辑：蔡洪伟　陈有华　　　　　　　装帧设计：王晓宇
责任校对：张雨彤

出版发行：化学工业出版社（北京市东城区青年湖南街 13 号　邮政编码 100011）
印　　装：北京云浩印刷有限责任公司
787mm×1092mm　1/16　印张 11¾　字数 288 千字　　2025 年 2 月北京第 4 版第 10 次印刷

购书咨询：010-64518888　　　　　　　售后服务：010-64518899
网　　址：http://www.cip.com.cn
凡购买本书，如有缺损质量问题，本社销售中心负责调换。

定　　价：32.00 元

前言
PREFACE

《化验室组织与管理》作为职业教育国家规划教材，以其简明、实用等特点得到了职业院校广大师生、企业化验室工作人员和出版社的认可与支持，并获得"中国石油和化学工业优秀教材奖一等奖"。该教材迄今已经多次修订（2004年4月第一版、2008年8月第二版、2014年3月第三版），笔者十分感谢广大读者对本书的选择和厚爱。为了满足高等职业教育发展的需要和化验室工作任务的需求，根据近年来化验室组织机构（国家）和新标准颁布等情况的变化，并在化学工业出版社和用书单位反馈意见基础上，笔者对本教材进行了修改与完善。

本书在介绍理论知识的同时有机融入了党的二十大报告内容，如在"分析检验工作的起源与发展"内容中介绍了"在中华民族光辉灿烂的历史上，诞生了不少惊世之作，如青铜器、景德镇陶瓷、历经两千余年仍雄伟壮观的万里长城等，均为质量控制与检验得当的曲范。"体现了"党的二十大"报告中"坚定历史自信、文化自信"的内容；在"化验室废弃物的处理"内容中介绍了环境保护理念，体现了"党的二十大报告"中的"坚持绿水青山就是金山银山的理念"的相关内容。

本书第四版保持了第三版的基本结构和编写特色，主要从以下几个方面进行了修订。

（1）体现新信息。根据国家实验室认可机构的变化情况，将原教材第一章中描述的"中国实验室国家认可委员会（CNACL）"更改为"中国合格评定国家认可委员会（CNAS）"。

（2）贯彻新标准。由于第三版教材使用五年之久，书中引用的标准多数已经过时，为了保持教材内容的科学性和先进性，本次修订将已作废的标准（涉及第一、二、四、五、六、七章）全部用现行标准替换。同时对书中偏离现行标准较大的"第五章和第七章"内容做了系统性修改。

（3）完善电子教案。电子教案是教材组成中不可分割的内容之一，为了有效地开展教学活动和提高教学质量，对原化验室组织与管理的电子教案进行了全面修改。

本书由姜洪文、陈淑刚、张美娜主编，郭继业、张清华参编。此次修订由姜洪文教授负责完成，吉林工业职业技术学院张美娜老师对电子教案做了系统性修改，全书由姜洪文统稿。在修订过程中得到了化学工业出版社的鼎力支持，在此表示诚挚的谢意。对于书中可能存在的不妥之处，欢迎读者和同行给予指正。

姜洪文

第一版前言

《化验室组织与管理》教材是根据 2003 年 7 月召开的"高职高专工业分析专业国家规划教材工作会议"精神与高职高专工业分析专业教材编写出版要求而编写的，并着重突出如下诸点。

1. 本书以现代组织管理理论为基础，以质量体系目标为框架，以环境安全为根本，以检测标准为依据，以企业化验室和质检部门为依托。在内容的选择上，本着"实用为主，够用为度，应用为本"的原则，力求贴近企业生产实际，反映现代化验室组织与管理的新动向，以培养适应生产、建设、管理、服务第一线的高等技术应用型人才。

2. 引入现代管理理论，作为化验室组织与管理的理论基础，以此来武装和建设现代的化验室。

3. 重点阐述化验室组织机构与权责建设，以及资源、质量、标准、环境与安全管理，以体现本书的完整性和系统性。

4. 介绍并运用现今最广泛应用的国际质量认证（ISO 2000）标准，使产品检验及管理模式与世界经贸接轨。

5. 全书各章附有思考与练习题和阅读材料，以培养学生综合运用所学理论分析问题和解决问题的能力。

本书第二、第七章由姜洪文（吉林工业职业技术学院）编写，第一、第四、第六章由陈淑刚（四川化工职业技术学院）编写，第三、第五章由张清华（山西综合职业技术学院化工分院）编写。全书由姜洪文统稿。

本书承魏安邦（吉林工业职业技术学院）任主审，对书稿进行了认真审定，并作了具体指导。

本书在编写中得到了化学工业出版社和全国化工高职教学指导委员会的支持和同行的帮助，同时还得到了中科院成都分院分析测试中心、四川宜宾天原集团有限公司、四川什邡化肥总厂、吉林省农药产品质量检验站、中国石油天然气股份有限公司吉林石化分公司化肥厂质检处、电石厂质检测试中心、吉化集团锦江油化厂质检科、吉林市质量技术监督局等相关企业及有关专业人士的鼎力相助，在此一并表示衷心的感谢。

由于编者水平有限，加之成稿仓促，书中难免有疏漏之处，恳请同行和读者批评指正。

编者
2004 年 4 月

第二版前言

本书第一版自 2004 年出版以来，赢得了广大同仁和学生的认可。为了满足蓬勃发展的高等职业教育培养高技能、技术型人才的需求，与时俱进，不断扬弃教材内容，对本书第一版进行了修订。

本书第二版保持了第一版的基本结构和编写特色，坚持以现代组织管理理论为基础，以质量体系目标为框架，以环境安全为根本，以检测标准为依据，以企业化验室和质检部门为依托；依然从符合职业标准及企业生产实际需要出发，注重内容的科学性和先进性，内容力求与现代科学技术相适应，与国家职业资格证书体系相衔接，突出综合素质能力的培养。本次修订调整更新的主要内容如下：

1. 删去第二章中第一节"组织与管理的理论基础"内容，避免内容上的重复。

2. 调整第四章中部分内容，使其中"化验室检验系统人力资源的构建与管理"的概念与定义更加清晰。

3. 在第六章编入了化验室质量管理的指导性文件"化验室质量管理手册"的编写基本内容，使化验室质量管理体系更加完善。

4. 在第七章中增编"安全标志与危险化学品标志"内容，主要是简介与化验室检验安全相关的安全标志，以提升学生的安全意识和自我保护意识；同时，对原气瓶颜色标志内容采用新标准 GB 7144—1999 进行替换，使教材在内容上始终保持着科学性和先进性。

5. 对各章的思考与练习题做了适当修改和补充，以便学生复习巩固所学知识，自检学习效果。

此次修订工作由吉林工业职业技术学院姜洪文（第二、七章）、四川化工职业技术学院陈淑刚（第一、四、六章）、山西综合职业技术学院化工分院张清华（第三、五章）完成。全书由姜洪文统稿。

这次修订得到了化学工业出版社和吉林省农药产品质量检验站郭继业、中国石油吉林石化公司研究院徐焕斌、化肥厂分析车间崔玉祥、电石厂分析车间杨永梅和秦曦、吉林市质量技术监督局王聪玲等有关化验室管理专业人士的鼎力相助，在此表示诚挚的谢意。

对于书中可能存在的不妥之处，欢迎同行和广大读者批评指正。

姜洪文
2008 年 8 月

第三版前言

《化验室组织与管理》自出版以来，得到广大师生和读者的认可与欢迎，同时也收到读者在使用过程中给予的诚恳建议，为了使教材内容更有效地满足高等职业教育培养高技能、技术型人才的需求，对本书第二版再次进行修订。

本次修订保持了第二版的基本结构和编写特点。仍然从符合职业标准及企业生产实际需要出发，注重教材内容的科学性和先进性，保持与国家职业资格证书体系相衔接，突出综合素质能力的培养，修订主要内容如下：

1. 原各章的"学习指南"全部以"知识目标和能力目标"呈现。该知识目标和能力目标，更加体现高职教材的特点，知识点学习和能力训练的思路更加清晰。

2. 新增"思考与练习题参考答案"。给教师的教学带来更大的方便，同时促进学生自学与自检能力的提升。

3. 编制"化验室组织与管理电子教案"。使本教材体系趋于完善。

4. 在个别章节中增加"想一想、练一练"板块，目的是培养学生分析问题和解决问题的能力，激发学生学习兴趣。

5. 注重体现新知识、贯彻新标准，使教材在内容上始终保持看科学性和先进性。

此次修订工作分别由吉林工业职业技术学院姜洪文、吉林省农药产品质量检验站郭继业、四川化工职业技术学院陈淑刚和山西综合职业技术学院化工分院张清华共同完成，全书由姜洪文统稿。

同时在修订过程中得到了化学工业出版社，中国石油吉林石化公司研究院徐焕斌、中国石油吉林石化公司化肥厂分析车间崔玉祥、中国石油吉林石化公司电石厂分析车间杨永梅、秦曦等化验室管理专业人员的鼎力相助，在此表示诚挚的谢意。对于书中存在的不妥之处，欢迎批评指正。

姜洪文
2014 年 3 月

目 录
CONTENTS

第四章　化验室检验系统及管理

第五章　化验室质量与标准化管理

第六章 ▶ 化验室检验质量保证体系的构建与管理

第七章　化验室的环境与安全

思考与练习题参考答案

参考文献

第一章

绪 论

知识目标

1. 了解分析检验工作的起源、发展与化验室的关系。
2. 理解化验室的分类在不同方面的意义。
3. 掌握化验室的定义、构成的基本要素及化验室的功能。

能力目标

1. 根据分析检验工作与化验室的关系，能够对"现代化验室"的工作范围、特点等进行设计。
2. 根据认知实训或岗位实习经历，能够正确描述"中心化验室和中控化验室"的工作任务和性质。

第一节　分析检验工作的起源与发展

随着人类社会生产力的发展和生产技术水平的提高，人类社会的各种活动，如人们的物质文化生活、各行业的生产、科学研究、环境保护、深海和太空探索等，对所需物资、材料、仪器、设备、通信和运载工具等产品的质量要求也在逐渐提高。那么，这些产品的质量是怎样被控制和确认的呢？从目前的情况来讲，是依靠各类化验室分析检验系统的分析检验工作加以控制和确认的。

在人类社会生产的发展过程中，生产的规模是从小到大，生产方式是从简单到复杂，生产技术水平是从低到高。从传统的手工作坊到现代的集约型生产企业，经过了漫长的发展道路。而其中的分析检验工作也是从无到有、从简单到复杂、从松散的个体行为到有组织的群体活动。在相距久远的年代，人们对物质的需求没有质量的概念和标准。随着生产实践的演进，到公元前的先秦时代，出现了第一部技术标准《考工记》。该技术标准记载了某些产品的生产工艺、控制方法和技术要求等，并规定对产品要进行检验，不合格的要返工。这就是说，《考工记》最早提出了对产品质量进行检验，以衡量其是否满足需要。公元 1103 年北宋朝廷颁发的中国建筑史上第一部国家技术标准——《营造法式》和明朝末年宋应星所著的纺织标准化教科书——《天工开物》，除了表述生产的技术工艺、操作方法、质量要求等以外，都要求进行生产过程的控制和产品最终质量的检验。在中华民族光辉灿烂的历史上，诞生了不少惊世之作，如青铜器、景德镇陶瓷、享誉中外的酱香型和浓香型白酒、历经两千余年仍雄伟壮观的万里长城、距今有千余年历史并在 1976 年唐山大地震中安然无恙的河北蓟县独乐寺等，均为质量控制与检验得当的典范。然而，由于中国长时间的封建社会，闭关自守，导致了生产技术长期发展缓慢。直到 18 世纪欧洲工业革命之前，我国的生产方式也是比较简单的，生产技术水平也不高，而其中出现的分析检验工作也是简单而粗略的，可概括为"眼看、耳闻、口尝"。例如，木工在做家具、修建房屋等工作中，木枋是否被刨直，是用肉眼观察后进行判断；检验稻谷的质量也是用肉眼来观察稻谷颗粒是否饱满、大小是否均匀；黄金纯度的检验，是通过眼睛观察其黄色的深浅来确认。判断钢刀刀刃的硬度，是通过手指甲拨动刀刃，闻其刀刃振动发出声音的清脆程度来加以确定；银币真伪的识别，也是用口对着银币吹气，再闻其振动发出的声音来加以判断。食品质量的控制与检验，基本是用口尝，最典型的是白酒质量的控制与检验。我国是白酒生产和消费大国，生产白酒的历史源远流长，而在相当长的时间里，其质量的控制与检验均是采用口尝的方法，即对以基酒、水和其他辅料勾兑的成品酒，采用口尝来确定勾兑的结果，称为品酒，实质就是检验白酒的质量。

在人类社会的发展史上，随着科学家对物质、自然现象等研究工作的深入，人们对物质的物理性质、化学性质以及物理化学性质有了比较深入和全面的认识，而以此为基础，鉴定各种物质和测定其组成的技术——分析化学也由此而诞生并很快在生产、科研中得到广泛应用，为促进当时的生产、科学研究等方面的技术进步起到了重要的作用，同时也为分析化学技术自身的发展奠定了基础。在 20 世纪之初，由于物理化学溶液理论的发展，为分析化学提供了理论基础，建立了溶液中四大理论，使分析化学从一门技术上升为研究物质化学组成、结构、含量的分析方法及相关理论的一门科学。20 世纪 40 年代，原子能、半导体材料的发展和物理学、电子学的发展，使分析化学从以化学分析为主的局面发展到以仪器分析为主的现代分析化学。从 20 世纪 70 年代末开始，以计算机应用为主要标志的信息时代的来临，给分析化学的发展带来了前所未有的发展机遇，分析化学吸取当代技术的最新成就，利用物质一切可以利用的性质，建立表征测量的新方法、新技术，开拓新领域，正迎接着当代科学技术和人类生产活动飞跃发展的挑战。分析化学正处于发展史上第三次变革时期，其特点是对生命科学、环境科学、新材料科学中呈现的具有挑战性的新的未知信息的探索已成为分析化学最热门的研究课题；研究手段在综合光、电、热、声、磁的基础上，进一步采用数学、计算机科学及生物学等学科的新成就，对物质进行纵深分析，获取物质尽可能全面的信息。

如今生产企业的分析检验工作，是在各级质量管理部门的监督和指导下，组成了专门从事分析检验工作的组织管理和实施机构——化验室，并按照生产工艺指标或质量标准的要求，采用相应的分析检验方法，配备相应仪器设备、化学试剂、各类器材、计算机系统、管理与技术文件等技术装备和分析检验管理及技术人员，有组织地完成化验室分析检验系统的目标和任务。其分析检验的技术能力和水平较之"眼看、耳闻、口尝"的时代有着天壤之别。

现代生产企业的化验室工作主要体现在两个方面：一是组织管理工作。它的意义在于通过管理者运用计划、组织、领导、控制等各种管理技术、方法和手段，引导和组织起有效有序的分析检验技术工作和其他工作，并使化验室的人力、物力、财力和信息等资源得到有效和充分的利用，以实现化验室组织的目标和任务。二是分析检验技术工作。现代化验室集化学分析、仪器分析的功能于一体，各种计量仪器、检测设备和化学试剂等材料的应用比比皆是。如化学分析的称量瓶、烧杯、容量瓶、移液管、滴定管、分析天平、电子天平、恒温电热烘箱、恒温电热水浴加热器、马弗炉等；仪器分析的可见、紫外、红外、荧光分光光度计，原子吸收分光光度计，自动电位滴定仪，库仑分析仪，气相、高压液相色谱仪，X 射线衍射仪，核磁共振波谱仪以及复合型分析仪器如色谱-质谱联用分析仪等。依据被检验物质的化学性质或物理性质、物理化学性质以及使用上述计量仪器、检测设备和化学试剂等材料建立的分析检验方法，在化工、石油、医药、冶金、轻工、电子、建材、纺织、农业、商业、环保等行业或部门得到广泛应用。分析检验方法的灵敏度也在不断提高，如可见分光光度法可测到的检验组分的最低含量为 $10^{-5}\%$，原子吸收分光光度法的绝对检测限可达 10^{-14} g，所以，分析检验方法广泛地用于被检验组分为常量（$>1\%$）、微量（$0.01\%\sim1\%$）和痕量（$<0.01\%$）的分析检验。

化验室的组织管理工作和分析检验技术工作有机地结合在一起，为企业的生产控制、技术改造、新产品试验等起到了无可替代的重要作用，保证了化验室目标和任务的完成。

随着科学技术的不断发展，特别是各研究领域边缘学科的蓬勃兴起，化学计量学和过程分析化学等新兴学科在现代工业生产和化验室中得以应用，摆脱了传统的离线分析检验而实现了生产工艺流程质量指标的现场直接控制以及远程监测等。分析检验人员从单纯的数据提供者转为由分析检验数据获取有用信息，成为控制生产过程、提高产品质量的参与者和决策者。

图 1-1 为我国某氯碱生产集团从英国引进的离子膜电解生产烧碱的生产现场。整个工程无分析检验岗位，生产工艺流程中的分析检验控制点均装有自动报警装置，用以提示生产工艺指标是否正常，实现了生产工艺流程质量的现场直接控制。

图 1-1 离子膜电解生产烧碱的生产现场

课程思政小课堂

商四羊青铜方尊——工匠精神

质量，是每一个制造者都需要面对的问题，是工业化大生产最重要的伴生品。工业时代以前的手工业时代，产品都是由工匠和作坊进行单件或小批量生产。它对质量的定义，另有

规则。

商四羊青铜方尊是中国现存商代青铜方尊中最大的一件，被史学界称为"臻于极致的青铜典范"，位列中国十大传世国宝之一。其每边边长为52.4厘米，高58.3厘米，重量34.5千克，长颈、高圈足，颈部高耸，尊四角各塑一羊，肩部四角是4个卷角羊头，羊头与羊颈伸出于器外，羊身与羊腿附着于尊腹部及圈足上。同时，方尊肩饰高浮雕蛇身而有爪的龙纹，尊四面正中即两羊比邻处，各一双角龙首探出器表。

据考古学者分析，商四羊青铜方尊是用两次分铸技术铸造的，即先将羊角与龙头单个铸好，然后将其分别配置在外范内，再进行整体浇铸。且该文物集线雕、浮雕、圆雕于一器，把平面纹饰与立体雕塑融会贯通，把器皿和动物形状结合起来，恰到好处，以异常高超的铸造工艺制成。

这件器物被认为是传统泥范法铸制的巅峰之作，由于这件杰作达到的水平令人难以置信，一度被误以为采取了新的铸造工艺。商四羊青铜方尊还具有重要的认识价值，它反映了殷商时期高超的铸造工艺水平，据专家们分析，这件方尊采用的是分块陶范分铸法，其合成的精密可谓无缝之天衣。从成分来看，铜占76.69%、锡占21.97%、铅占0.21%的加锡铜基合金，即用复杂的冶炼技术而生产出的具有特殊性能的青铜，这在冶金发展史上也有着重要的研究价值。

直至今天，我们仍然会为国宝"四羊方尊"的工艺复杂度和精细程度赞叹。它是一个高质量的产品吗？毋庸置疑。从现代的质量规格来说，它满足了哪些规格吗？没有。这影响了它的用户价值（不单纯是文化、艺术和考古价值）吗？没有。

对一个单件生产的产品，匠人负责制的产品，"四羊方尊"并不需要去满足一些质量标准或者产品规格。即便仍然存在一个规格上的偏差或者瑕疵，也被它的复杂造型所掩盖。作为一个酒器或者礼器，质量就体现在复杂的造型工艺上。

手工业产品质量的另一个特点是匠人负责制。中国古时就有"物勒工名"的说法，就是物品上刻有工匠的名字。这是早在春秋时期就开始出现的制度，器物上要刻工匠的名字，以方便其他人检验产品质量。南京明城墙的古砖上面都有一个个工匠的名字和籍贯。而在西方匠人发达的手工时代，制作者也会刻上名字，最后逐渐发展成一种品牌的记号，受到广泛的激励。工匠精神首先是工匠英雄，然后才是传世的精神。彼时，保证物件质量的手段，不是靠规格，而是靠名字。这也是一种衡量质量的规则。

第二节　化验室的定义、基本要素和功能

一、化验室的定义

从物质属性的角度定义，化验室是为控制生产、技术改造、新产品试验及其他科研工作而进行分析检验等工作的场所。

从社会属性的角度定义，化验室是化验系统组织结构的基本单位。因为它被赋予了明确的目标和任务，集合了一定的人力、物力、财力和信息等资源且在时间和空间内进行合理有效的配置，构成了与分析检验的目标、任务和要求相适应的综合管理和技术环境，并由相关

的各类人员有组织地进行管理和分析检验等工作。

从功能的角度定义，化验室是工业生产企业的检测实验室习惯上的简称。因为在工业生产企业，尤其是化工生产企业，分析检验工作的核心任务是完成对原辅材料、半成品和产品的理化检验，即依据被检验物质的物理性质、物理化学性质或化学性质对被检验样品进行物理常数、化学组成等分析检验，从而确定其是否符合生产工艺指标或质量标准的要求，为指导和控制生产正常进行、原辅材料和产品质量的确认提供依据，为技术改造或新产品试验等科研工作提供服务。正如 1957 年时任中科院院长的郭沫若为某化工学校化工分析专业题词所表述："化学分析是工业生产的眼睛，不仅能为工业生产服务，还将进一步看透自然界的秘密"。

现代化化验室的标志是建立了科学、规范的化验室组织与管理体系和完备的分析检验工作质量保证体系并投入了运行；具备功能强大的分析检验系统；具有较高的化验室水平和化验室工作质量；获得中国合格评定国家认可委员会（CNAS）认可和中国计量认证（CMA）的双重认可（证）。图 1-2 为实验室认可标志。

图 1-2　实验室认可标志

二、化验室的基本要素

（1）明确的目标和任务　如原辅材料分析检验、生产中控分析、产品质量检验以及为技术改造或新产品试验提供分析检验。目标和任务是其中的一种或多种。

（2）一定数量的化验室工作人员　工作人员包括管理人员、技术人员和其他辅助人员。在技术人员中应从专业、技术层次和年龄结构等方面进行合理配置。

（3）必要的化验室建筑用房、仪器设备和其他设施　如各种专业工作室、办公室、保管室、计算机房；计量和检测仪器设备及其他仪器设备；水、电、气、通风、采暖、废弃物处理等设施。

（4）必需的经费　仪器设备购置、维护保养和维修经费，分析检验消耗试剂、药品和材料经费，其他经费。

（5）有关的信息资料　管理信息资料、文件，技术标准、分析检验方法、分析操作规程等。

三、化验室的功能

（1）原辅材料和产品质量分析检验功能　能对企业生产所需用的原辅材料、最终产品按执行标准和分析检验方法进行正确的分析检验和得出正确结论的功能。

（2）生产中控分析检验功能　能对企业生产中的半成品按执行标准和分析检验方法进行正确的分析检验和得出正确结论的功能。

（3）为技术改造或新产品试验提供分析检验的功能　能对企业的技术改造或新产品试验等科研活动提供正确分析检验结论的功能。

（4）为社会提供分析检验的功能　能根据社会需要，提供一定的分析检验技术服务的功能。

想一想

在企业里，化验室的任务主要是完成对原辅材料、半成品和产品质量的分析检验技术工作，为什么要引入组织管理工作，其意义何在？

第三节　化验室的分类

一、按认可（证）资格条款分类

1. 双重认可（证）化验室

获得了中国实验室国家认可委员会认可，同时又有地方技术监督机构认证的化验室。即符合《实验室认可规则》CNAS RL01：2018 文件规定的要求，并按《实验室认可指南》CNAS-GL001：2018 文件的规定，办理"认可申报"，提交足够的认可申报材料，经 CNAS 或其派出机构进行审查考核并获得认可的化验室。此类化验室的优势在于：除了具有必备的实验硬件以外，更重要的是实行了严格的化验室质量管理，建立有化验室质量体系并投入运行；具有较高的化验室水平和化验室工作质量。国家认可的是化验室的工作能力、水平和质量；地方技术监督机构认证的是它从事分析检验的法定资格。

2. 技术监督机构认证的化验室

还未得到中国实验室国家认可委员会或其派出机构进行审查考核和认可的化验室。其化验室水平和化验室工作质量相对还存在一些不足，但取得了地市级以上技术监督机构认证的从事分析检验的法定资格。

二、按主要使用的分析检验方法分类

1. 化学分析检验室

其使用的分析检验方法主要是化学分析法的分析检验室。这类分析检验室的特点是，使用的分析仪器设备简单，投资较少，分析检验成本较低，多数应用于常量组分的分析检验；分析检验操作烦琐，易造成环境污染。这类化验室多为一些生产规模较小、生产工艺简单、产品比较单一的生产企业所采用。

2. 仪器分析检验室

其使用的分析检验方法主要是仪器分析法的分析检验室。这类分析检验室的特点是，使用的分析仪器设备大型和复杂，投资较大，分析检验成本相对较高；分析检验操作简单，分析检验速度较快，灵敏度高，多数应用于微量和痕量组分的分析检验，分析检验结果的重现性和准确度高。这类化验室多为一些生产规模较大、生产工艺复杂、对分析检验速度和结果要求较高、资金雄厚的大中型生产企业所采用。

三、按功能分类

1. 中控化验室

为控制生产工艺提供分析检验数据的化验室。一般设置在生产企业的车间或工段上，主要从事生产原材料、半成品的分析检验，及时地为生产工艺控制部门提供分析检验数据，确保生产工艺的各种指标处于规定的正常范围内。中控化验室所采用的分析检验方法一般要求分析检验的操作简单，速度较快，结果的准确度不一定很高。中控化验室在业务上受中心化验室的监督和指导。

2. 中心化验室

具备按企业生产和质量管理的要求履行产品检验、控制和监督以及为技术改造或新产品试验等科研活动提供服务等功能的化验室。中心化验室一般具有分工明确的各类专业室和发挥上述功能所需的专业技术人员及仪器设备、化学试剂、各类器材、计算机系统、管理和技术文件等技术装备，有职责分明的各级行政管理体系和完备的分析检验工作质量保证体系。有对下属化验室实施业务指导和监督的职责与职能。

在我国，由于地区经济发展水平的不平衡，各地区企业的化验室在硬件、软件方面也存在较大的差异，表现在化验室水平和化验室工作质量上高低不一。我国现有的化验室大体可划分为以下几种层次。

（1）水平和工作质量较高的化验室 主要分布在一些规模较大、技术先进和资金雄厚的国有企业、外资和合资企业以及部分民营企业。这批化验室具有健全的化验室组织结构、管理体系和完备的分析检验工作质量保证体系，并能按照生产工艺指标控制或产品质量标准的要求，充分利用仪器设备、化学试剂、各类器材、计算机系统、管理与技术文件等技术装备和分析检验管理及技术人员，有组织地完成化验室的目标和任务；能够或基本能够达到 CNAS RL01：2018《实验室认可规则》规定认可资格相关条款的要求。

（2）水平和工作质量一般的化验室 主要分布在中小型国有企业，一些规模较小、技术水平一般的外资和合资企业以及部分民营企业。这部分化验室管理水平一般，技术上基本能够满足生产工艺指标控制和产品质量检验。

（3）水平和工作质量较差的化验室 主要分布在城乡的一些集体所有制企业和民营小型企业。这批化验室不仅缺乏化验室的一般管理，而且仪器设备简陋、技术人员欠缺，一般仅能应付产品质量检验。

综上所述，对化验室的管理者而言，建设水平和工作质量较高的化验室，任重而道远。学习《化验室组织与管理》课程，主要是学习化验室管理的理论基础、基本原理、研究对象与内容；化验室管理系统和分析检验系统以及质量保证体系的基本要素、管理内容和管理方法；化验室建筑与设施的规划和设计要求；化验室的安全技术与环境保护要求；标准化、质量管理、化验室组织机构与权责；国内外标准化与质量管理情况。通过本课程的学习，系统地掌握化验室的组织、分析检验系统、质量保证体系的内涵和管理原理、管理方法；正确理解和掌握化验室建筑和设施的规划与设计、化验室的环境与安全的要求；掌握标准化、质量管理、化验室组织机构与权责；基本具备组建现代化化验室以及科学地管理其分析检验系统和质量保证体系的能力。

在实际工作中，第一，要明确化验室组织与管理工作是提高化验室水平和化验室工作质量的保证。第二，通过科学有效的管理工作来加强化验室建设，即建立和健全化验室组织结构、管理体系和完备的分析检验工作质量保证体系；合理地配置人员及其结构；增加资金投入，提高化验室的技术装备水平；创造优良的化验室工作环境。第三，进一步促进组织效率的提高，即通过管理者运用各种管理技术、方法和手段，引导和组织起有效有序的分析检验技术工作和其他工作，并使化验室的人力、物力、财力和信息等资源得到有效和充分的利用，高效率地实现化验室组织的目标和任务。

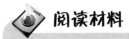 **阅读材料**

实验室管理学的基本原理及其与现代管理科学的关系

一、实验室管理学的基本原理

实验室管理学的基本原理是应用现代管理学的基本原理对实验室管理工作的实质内容进行分析和研究而总结出来的。包括系统原理、人本原理、动态原理和效益原理。

系统原理就是把构成系统的诸多要素看作既是自己系统内，又与其他系统发生各种形式的联系，既要协调系统内各要素之间的关系，又要处理与其他系统的关系。总之，要发挥系统的最佳功能，实现管理的优化目标。

人本原理是指在管理过程中，人始终处于管理的中心地位并发挥着主导作用。也就是说，管理工作应立足于人，通过做好人的工作，使之最大限度地发挥主动性和创造性，实现管理资源（财力、物力、时间、信息等）的合理运用和管理系统整体功能的优化，从而达到预期的目标。人本原理主张，现代管理中的人，既是管理者，又是被管理者；管理是由人进行的，同时又是对人的管理。

动态原理就是强调揭示系统的发展变化规律，改进管理系统的动态过程，使管理系统取得最佳工作效率。在实验室管理系统中运用动态原理，就是要把握系统的动态目标，不断调整和改进；注意系统的动态过程，掌握管理对象的发展变化，并进行优化组合；体现管理系统发展变化的规律性和管理工作变化的灵活性，及时适应系统各种可能的变化。

效益原理是指以同样的劳动消耗和劳动占用，取得最多的劳动成果，或者是取得相同的劳动成果，花费的劳动消耗最小，支付的劳动占用最少。在实验室管理工作中运用效益原理，就是要重视实验室的社会效益、经济效益和工作效率。

二、实验室管理学与现代管理科学的关系

现代管理科学综合运用现代社会科学、自然科学和技术科学的理论和方法，研究现代条件下管理活动的基础规律和一般方法。在研究人群关系和系统分析中，强调任何一名劳动者都不是孤立的，应该重视社会、心理对他们的影响，要激发他们的积极性和创造性。同时要运用运筹学和其他科学的方法，对管理对象进行系统分析，使管理人员据此作出适当的决策，并通过计划、组织、指导、协调、控制等管理过程，解决管理工作中的各种问题。

现代管理科学是一门综合性的科学，是对管理学中具有普遍意义的思想、原理、方法的综合、提炼和总结，由具体到一般，寻求和掌握一般的管理功能、原理和原则、方法和手段。

现代管理科学首先是从经济管理部门发展起来的，然后相继在其他领域推广。随着其他部门管理学的发展，实验室管理学作为现代管理科学的一个分支开始成为一门独立的学科。实验室管理学同其他部门管理学一样，有着自身特殊的管理理论和方法，但它与其他部门管理学也存在着许多共性的东西，这就是现代管理学研究的对象。因此，实验室管理学是运用现代管理科学和自身管理学的理论和方法，由一般到具体，对实验室管理事物进行深入的研究与探索的一门学科。反之，实验室管理学的研究成果，也将不断丰富和完善现代管理科学。

思考与练习题

一、填空题

1. 化验室的定义有（　　）种，是分别从化验室的（　　）属性、（　　）属性和（　　）角度给出的。

2. 化验室的基本要素包括（　　）、（　　）、（　　）、（　　）、（　　）5个方面。

3. 化验室的功能包括（　　）、（　　）、（　　）、（　　）4个方面。

4. 在实际工作中，要明确化验室组织与管理工作是（　　）的保证，通过科学有效的管理工作来（　　）建设，进一步促进（　　）的提高，高效率地（　　）目标和任务。

二、选择题

1. 在现代化生产企业，分析检验人员成为控制生产过程、提高产品质量的（　　）。

A　参与和决策人员　　　　　B　助手

C　副手　　　　　　　　　　D　可有可无的人员

2. 化验室的主要工作包括（　　）。

A　分析检验工作　　　　　　B　组织与管理工作

C　实现生产现场直接控制　　D　组织管理工作和分析检验工作

3. 我国最早诞生的第一部技术标准文件是（　　）。

A　《营造法式》　　　　　　B　《考工记》

C　《天工开物》　　　　　　D　《本草纲目》

4. 根据化验室水平和化验室工作质量的差异，我国现有的化验室可分为（　　）。

A　2种层次　　　　　　　　B　5种层次

C　6种层次　　　　　　　　D　3种层次

三、问答题

1. 产品质量是怎样被控制和确认的？

2. 简述早期的分析检验工作和现代分析检验工作的差异。

3. 学习《化验室组织与管理》，对实际工作有哪几方面的指导作用？

4. 现代化化验室的标志是什么？

5. 中控化验室和中心化验室在功能、职责、职能方面有哪些区别和联系？

第二章
化验室组织机构与权责

知识目标

1. 了解化验室组织机构设置与资源配置的关系及机构设置的三级检验体系内容。
2. 理解化验室的地位、权力范围与权力委派的基本原则。
3. 掌握化验室组织机构各岗位的职责范围。

能力目标

1. 根据岗位实习的实践，能够设计"标准溶液制备室"的资源配置方案。
2. 通过下厂实习的实践，能够正确描述"化验室组织机构"的岗位职责。

第一节　组织机构的设置

实现化验室组织目标，必须建立一个能为实现这一目标进行有效管理的机构——化验室组织机构。机构的设置应以组织目标为依据，有效地进行人员配置、仪器设备配置，明确组织机构在检验中所具有的地位及权力。

一、资源

所谓资源，泛指社会财富的源泉。归纳起来，资源基本上包括两大类：一类是物力资源（仪器、设备、设施等）；另一类是人力资源（数量与质量）。这两种资源是实现化验室质量保证的基本条件。

1. 化验室规模

化验室的规模应根据企事业组织的目标进行设计和规划。例如，一个小型企业（小型化工厂）其生产项目单一，检验方法简单，只要求对产品作出一般的质检分析，并不需要配置十分精密的仪器设备及优良的设施环境，因此这样的化验室所具有的规模就相应小些。又如，对于大、中型企业，由于生产的产品种类多，涉及的检验方法和测试手段也多样化，目标要求较高，需要的仪器设备精度高和种类全，不仅有简单的仪器设备及较完整的检测设施，而且还需要有大型的精密仪器和必备的校准作业的设施，更需要有一支专业水平较高的技术人员队伍。这类化验室的规模一般较大。再如，对于具有特殊性质的研究机构，不仅有种类齐全的精密仪器和优良的检测设施，而且还要有一支高素质、高水平的专业研究人员队伍，所以化验室的规模通常也较大。

总之，化验室规模要从实际出发，统筹规划，合理设置，要做到建筑设施、仪器设备、技术队伍与科学管理协调发展。

2. 人员配置

化验室人员配置是依据企业的组织目标要求进行合理配置。所谓合理配置，就是将投入的人力安排到企业中最需要、最能发挥才干的岗位上，以保持整个企业系统的协调。这不仅能达到调整和优化企业系统劳动组合的目的，又能使整个系统各环节的人力均衡，人岗匹配，有利于每个人作用的发挥。因此在对化验室人员配置时需考虑以下 3 个方面：

（1）检验人员的基本条件

① 热爱本职工作，忠于职守，勤奋学习，努力钻研，积极完成本职工作。

② 加强思想道德修养，严格要求自己，办事公正，实事求是，严格遵守检验人员的岗位职责。

③ 具有中专以上学历的文化专业知识，受过检验、测试工作技能专业培训，取得资格证书，能独立进行测试工作，能根据测试结果对被检试样做出判断。

④ 身体健康，无色盲、色弱、高度近视等与检验工作要求不相适应的疾病。

（2）化验室人员的构成　人员构成主要是从化验室组织目标出发，依据化验室所承担的任务，首先考虑专业结构设置。因此需要建立和配备一支专业性强的技术人员队伍和一套必要的检测设施，以满足和保证组织目标的实施。其次，在配置人员过程中，除考虑专业结构合理设置外，原则上还应从实际工作出发，按层次配置，并配备相应的高级、中级、初级技术人员结构，呈"金字塔"形组合。再次，从长远的检验工作利益考虑，还应在年龄层次上有所差别，最好是形成一个梯队的组合，老、中、青各占有一定的比例。

由于企业规模及化验室组织目标各自有所不同，人员配备形式也不尽相同。特别对于那些规模较大的企业或外资及合资企业等，其化验室往往自成管理体系，并设置各种业务科室（部），因此人员配置可以根据各企业质量手册中的质量目标规定要求进行有机组合。

（3）任职资格和条件

① 分析车间主任应具备高级技术职称，精通本系统的检验任务工作，善于检验管理，掌握有关法律和法规。

② 技术负责人应具备高级技术职称，熟悉检验业务和技术管理，具备解决和处理检验工作中技术问题的能力。

③ 质量负责人应具备中级以上技术职称，熟悉检验业务和检验工作质量管理方面的知识，有处理质量问题的能力。

④ 其他室负责人应具备中级以上技术职称，精通本室的管理与专业知识，掌握与检验有关的法律知识。

⑤ 检验人员应具备本专业基础知识，了解有关法律法规知识，并经考核后具备上岗资格。

⑥ 内审员（审核人员）应熟悉有关标准和质量体系文件，能独立拟定审核活动，掌握质量体系审核的知识和技能，并经过培训达到合格，一般由系统的负责人担任。

⑦ 质量监督员应熟悉检验工作方法和程序，了解检验目的和检验标准，并能评审检验结果，一般由系统的技术人员担任。

3. 仪器设备配置

化验室仪器设备的配置主要根据所承担的检验任务及性质来进行。例如，从事常量组分测定工作，可以配制滴定分析和称量分析中常用的仪器与设备，如滴定管、容量瓶、锥形瓶和移液管及高温电炉、分析天平、坩埚等；对于微量组分分析，则需要配置灵敏度高的检测仪器，如光学分析用的可见分光光度计、原子吸收分光光度计及辅助设备、紫外-可见分光光度计、原子发射光谱仪等，色谱分析用的气相色谱仪、高效液相色谱仪，电化学分析用的电位滴定仪、库仑分析仪、离子计和酸度计等，用于结构分析的红外光谱仪、质谱仪、核磁共振波谱仪等。因此在对仪器设备进行配置时，应具体结合实际情况，按企业生产的产品种类和分析方法的要求及标准的约束等各方面综合指标进行购置。

购置所需仪器设备时，要做好技术考察工作，使所购置仪器设备的各项技术性能指标完全符合检测工作的要求。同时还要根据财力情况选择仪器设备，在能保证检验质量的前提下尽量做到勤俭节约。

二、机构设置

在工业生产中，化验室系统的设置，一般设有中心化验室、中控化验室和班组化验室（岗），构成一个三级检验体系。

1. 中心化验室设置

中心化验室是企业中产品质量检验的核心化验室，它具有强大的人力资源和丰富的物力资源，在这里不仅可以完成所有产品、原料的质量检验工作，而且还可以胜任对新方法的研讨、新标准的建立等难度较大的研究性工作。

中心化验室通常包括若干个专业室（组），如标准溶液制备室、计量检查室、环保监测室、原料室、成品室、技术室、设备室、标准样品制备室等，每个室都有其各自的工作范围。中心化验室直接受分析车间主任领导。

2. 中控化验室设置

所谓中控化验室是指设置在生产车间或班组中的化验室，其作用是为了监控生产过程中的中间产品、半成品和成品的质量，以便随时掌握这些中间产品的质量变化情况，并将分析结果及时向车间负责人通报，保证工艺过程正常运行，确保产品质量达到标准要求。

该化验室由车间化验室主任直接领导，并直接由化验室班长负责完成各控制指标的检测任务。

3. 化验室组织机构

化验室组织机构根据企业规模和企业目标不同，可有多种形式。常见的化验室组织机构如图 2-1 所示，图中每个机构都应有一组工作人员（可兼职）各司其职。

三、化验室的地位与权力范围

1. 化验室的地位和隶属关系

（1）化验室的地位　企业的化验室作为企业产品的质检机构，具有法律地位。这种法律地位是其他部门所不能替代的。在检验工作中，中心化验室应具有独立开展业务的权力，不受任何行政干预，在组织机构、管理制度等方面相对独立。严格遵守企业的《质量手册》，坚持实事求是的原则，科学、公正地完成每一项检测工作。

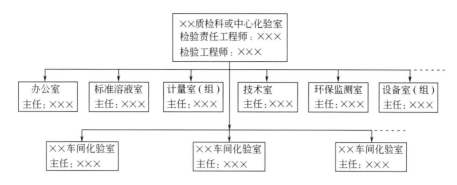

图 2-1　化验室组织机构框图

（2）化验室的隶属关系　企业的中心化验室隶属于企业的二级机构，是从事产品、原料分析检验、三废检测或方法研究、技术开发等的实验或科研实体。认可的化验室应配备能满足检验项目的仪器设备，以及具有能满足检验工作需要的场所设施和环境条件，并根据所承担的任务积极开展科学试验工作，努力提高实验技术，完善技术条件和工作环境，以保证高效率、高水平地完成各项任务，维护化验室质检机构的合法权益。

2. 化验室的权力范围

所谓化验室的权力范围是指化验室在分析检验程序中所行使的有效权限范围。不同的化验室具有不同的权限范围，即权限范围有大有小，承担的责任有轻有重。现以中心化验室为例，就权限范围简述如下。

中心化验室（质检科）是企业产品的检验核心部门，它负责企业产品的全面质量检验工作，所出具的结果具有法律效力，是企业中的一级质检机构，企业中的其他化验室都隶属于中心化验室。它的权限范围是：

① 对出厂的产品和进厂的原料有独立行使监督检验的权力；

② 有权对产品质量及生产过程的检验、质量管理、质量事故进行监督考核，有权行使质量否决权；

③ 对违反质量法规的行为有权制止并对所涉及的单位和个人提出处理意见；

④ 有权代表厂方处理质量拒付和争议以及厂内质量仲裁。

由于不同企业所委派给中心化验室的权力范围不同，中心化验室具有的权限范围也不尽相同。因此，各企业可根据实际情况授予化验室可行使的权力。

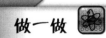

通过化验室组织机构与权责的学习，结合自己在企业检验岗位实习的经历，把你熟悉的化验室以组织机构框图的形式表达出来。

 第二节　机　构　职　责

化验室机构职责包括化验室系统各部门的岗位职责和各类人员的岗位职责。

一、各科室的岗位职责

1. 中心化验室（质检科）职责

全面负责质量管理、领导计量管理工作；进厂原料和出厂产品的质量监督检验工作、生产过程中的控制分析以及环境保护、工业卫生的监督检验工作；制订本厂产品质量计划和本科工作目标、检验报告的编制审核、审查各项检验规程；质量事故的处理及抱怨的受理调查工作、参与新的检测方法开发、标准的制定工作；负责仪器设备的使用、维护、管理工作，标准溶液的制备、标定工作；本科的安全、卫生工作；样品的收发、保管和检后处理；计划和采购仪器设备和检验消耗品工作；负责检验人员培训与考核工作，完成领导布置的其他工作。

2. 办公室职责

负责检验业务的计划、调度、综合协调工作；财务管理，编制财务计划；所有质量记录档案及文件管理工作；统一对外行文、印章管理及后勤工作；日常信函接发及外来人员接待工作；安全、保卫、卫生保健等其他日常行政管理工作；办公用品、水电、车辆等的使用管理和日常维修；完成领导布置的其他工作。

二、负责人的岗位职责

1. 分析车间主任职责

在主管厂长（副厂长）的领导下，本岗位负责车间的全面工作。执行并落实上级下达的各项任务，高质量、高效率地完成厂长安排的各项工作。

2. 检验责任工程师职责

本岗位负责车间的安全管理、技术管理、设备管理、计量器具管理、体系认证、班组经济核算、分析仪器维修、职工教育、材料计划、标准制定（或修订）、标准资料检索、分析方法研究、配合生产装置改造完成各项分析任务。

负责员工安全教育、安全考核、日常安全活动；协助主任搞好安全监督检查、制定安全制度应急预案、查找不安全因素及其整改工作；监督检查各种仪器、设备、灭火器材、防护用具、消防设施是否符合要求；协助主任搞好安全竞赛、安全检查评比、安全论文及安全总结工作；检查种类标准执行情况、各化验室分析出现异常情况的处理；负责建立车间固定资产台账、大型分析仪器档案及操作规程、按体系要求的各种记录；编制仪器采购、更新、报废报告；定期对车间设备完好状况进行检查；编制计量器具校正计划。

3. 检验工程师职责

本岗位负责"运行班"的技术业务工作。包括各种原始分析记录、台账、报表、分析传递票的记录工作；异常分析结果处理工作；计量器具校正工作；班组经济核算工作；协助主任搞好绩效考核工作。

负责本班的技术业务工作；负责各种记录、报表、台账的准确性及规范记录（仿宋标准）等；负责检查操作人员操作技能、标准执行情况、分析结果准确性等工作；负责计量器具的校正工作，仪器破损及时制订追加校正计划，保证数据的准确性；协助班长做好员工的绩效考核工作；负责合理化建议、攻关项目的上报工作。

4. 办公室负责人职责

本岗位负责办公室的全面工作，组织和实施检验业务和行政管理工作；检查工作人员对质量体系和各项规章制度的贯彻执行情况；负责文件、信函、报表的收发登记归档工作；负责办公用品的保管与发放；负责其他后勤保障工作及外来人员的接待工作。

5. 分析班长职责

在主任领导下，本岗位负责班组的日常管理工作，包括传达、布置、完成车间的各项工作；考勤；日常分析材料配备；三级安全教育及每周的安全学习；文明生产；班组人员合理调配；完成班组员工的绩效考核工作。

负责传达、布置、完成车间的各项工作，保证车间总体工作的完成；了解员工的思想动态，及时向相关领导反映情况；负责分析材料的领用、使用、管理工作，避免浪费；严格执行考勤管理规定；制止违章操作及违反劳动纪律现象的发生；对新员工、转岗员工、休假复工员工进行三级安全教育；组织班组的安全学习；负责班组经济核算工作，保证本班组实验检验费不超支；按厂要求的文明生产考核细则，组织班组员工打扫卫生；对绩效考核结果负责；根据工作需要合理调配人员，提高工作效率。

三、工作人员职责

1. 检验人员职责

具有上岗合格证，熟悉检验专业知识；掌握采取样品的性质，熟悉采样方法，会使用采样工具；掌握分析所用各种标准溶液的配制、储存、发放程序；掌握动火分析方法、指标、采样时间、样品保留等必备知识；掌握控制分析、产品分析、原料分析方法以及控制指标、结果判定；掌握包装物检查管理规定、计量校准规程及重量计算方法；认真填写好原始记录、检验报告，能够独立解决工作中的一般技术问题；严格按程序和实施细则进行取样，按操作规程使用仪器设备，对所使用的仪器设备做到按要求定期保养，使用后及时填写使用情况记录；努力钻研业务，参加各项培训和学术交流，积极参加比对试验，不断提高检验水平；检验工作要做到安全、文明、卫生规格化；做好安全保密工作，遵章守纪，积极认真完成各项检验工作。

2. 质量监督员职责

协助检验责任工程师对本系统的检验工作质量进行监督把关；认真检查和核实检验用技术标准、文件的有效性和使用执行是否正确以及环境条件和仪器设备是否符合规定要求；检查检验是否按规定程序进行；检查检验报告填写是否符合要求规定；监督检查各项规章制度及工作人员遵章守则情况，有权制止一切未经批准的方针、政策或手册规定的偏离，并及时向上级部门反映。

3. 计量管理员职责

认真学习和执行有关计量技术法规及计量器具检定规程；正确使用计量标准器具、标准物质，按规定对应检的仪器、计量器具送计量检定部门检定，并贴好检定标识，以保证计量器具处于良好的技术状态；将计量器具的检定结果、记录资料归档；制订计量检定计划，定期检查各计量器具的使用情况，有权制止使用未检、检定不合格或超出检定周期的计量器具，有权停止使用发生故障、精度下降及不正常的计量器具，并将有关情况及时向上级报告。

4. 设备管理员职责

负责仪器设备的维修，确保运行正常完好率100％，编制仪器设备的使用、维护、检修鉴定的操作规程和管理标准以及仪器设备的订购计划；建立健全技术档案管理和基础资料台账；负责仪器设备的登记、清查管理及仪器设备的选购、领取使用、迁移更新、报废管理工作；负责在用仪器设备临时故障的处理，保障检验工作正常进行；监督检查仪器设备的使用、维护和保养情况；组织对检验人员使用仪器设备的技术培训；负责新仪器设备的开机与调试以及备品备件的选购和加工工作；提出仪器的计量检定计划和检修年度计划。

5. 资料管理员职责

按本系统对中文档案要求，负责对文件、资料分类登记、造册并及时立卷归档，做好原始记录、检验报告和技术文件等质量记录立卷归档工作；负责资料、标准的订购、发放与保管；负责对企业有关技术标准和分析方法的咨询工作，严格执行资料保密制度。

6. 样品管理员职责

负责样品的保管和处理等工作，对样品的完好性负责。在保管过程中，首先保持好样品库的环境卫生，对待检样品及已检样品要分类存放，妥善保管，保持样品的原始性和完好性，未经主要负责人同意不得任意动用样品以及转借他人。对样品的领取处理，应在样品编号之后，方可以办理领用手续，并负责已检样品回收工作。样品保存期一般为 3 个月，对已检样品在超过保存期时要妥善进行处理。

7. 记录报告审核员职责

对检验数据、检验报告认真审核，发现错误及时向有关人员提出改正，而对未发现数据运算错误的情况审核员负具体责任，对审核中的问题及时向质量负责人提出纠正措施及建议，严格遵守有关规定，坚持原则，严谨细致，实事求是，并对涉及的数据保密。

8. 标准溶液制备员职责

按标准溶液制备要求进行基准试剂的选择，严格按 GB/T 601—2016《化学试剂　标准滴定溶液的制备》等国家标准的规定配制标准溶液和试剂；进行标准溶液的标定时，做到操作规范、标定结果准确可靠，并做好标定记录；标准溶液标签填写项目齐全、字迹工整；标准溶液的储存应符合有关保管规定的要求；配制标准溶液用的水应符合 GB/T 6682—2008《分析实验室用水国家标准》实验室用水的规定；负责标准溶液的供应和回收，保持好制备室的环境卫生。

四、不同层次人员的技术职责

1. 技术员职责

了解本专业的技术规定及方针、政策和管理办法，掌握本专业的基础知识和操作技能。分担辅助性业务技术工作，出具原始检验数据，具有数据处理和编制检验报告的能力，并对准确性负责，能够对所使用的检验仪器进行日常的维护及保管工作。

2. 助理工程师职责

熟悉本专业有关规章制度、管理办法及有关方针政策；比较全面地掌握本部门各项实验的原则和仪器设备的工作原理、各项操作以及调试技能；掌握部分仪器设备的故障诊断和维修技能，负责解决本专业的一般性技术问题，担任检验组负责人，组织管理本部门一个方面的工作，拟定有关管理制度和运行程序，提出开展工作的建议，指导技术员从事测试工作，出具检验数据，并对数据正确性负责，做好分管范围内测试仪器的使用、维护和保管工作。

3. 工程师职责

制订分管测试工作的计划及实施方案，解决本专业较复杂的业务、技术问题。独立承担先进设备的技术消化和编写使用手册，拟定大型设备运行管理规程、人员培训大纲等工作；担任项目研究的负责人，参加或具体负责技术成果的技术评议工作，承担本部门的技术开发工作，编制和审核检验报告，组织和指导初级技术人员的工作和学习；对分管范围内的一般测试仪器的购置、使用和处理负技术、经济责任。

4. 高级工程师职责

掌握国内外与本部门实验相关的科技动态和最新理论，为本部门提供学术和技术指导。主持或指导制订重大技术工作计划及实施方案；负责拟定审核重要的技术文件，解决检验过程中复杂、重要和难度大的技术问题；负责对质量监督检验的综合判定，组织和指导新的测试方法研究和测试实验装置的研制工作，主持精密仪器和大型设备系统配备方案总体设计、可行性论证，承担大型精密贵重仪器设备有关技术指标的鉴定及其功能的开发、利用工作；指导中级、初级技术人员的工作，参加或负责技术成果的评议工作；对分管范围内的精密贵重仪器的购置、使用和处理负技术、经济责任。

第三节 权力的委派

在任何企业或部门中，权力的分布和委派都是一个十分重要的环节。如果此环节处理得妥当，就有利于企业或部门制定目标的实现；否则会滞后甚至阻碍目标的实现。

一、权力与职权

1. 基本概念

所谓权力是为了达到组织的目标，人们直接或间接地通过他人的行动而进行活动的权利。从另一个角度看，权力则是一种授予行为，即某人有某种权力是因为有人给了他这权力或有人愿意接受他的领导。对一个企业或部门而言，即可把权力看作是企业或部门正式赋予管理者的权利。如公司中部门经理的权力来自总经理，总经理的权力来自董事会，董事会的权力来自股东。

在实际工作中，正是有了这种权力的授予和运用，才能够理顺企业内部的各种复杂关系，使得企业利益和权益受到保护，最终达到企业的既定方针和目标。

职权是指管理职位所固有的发布命令和希望命令得到执行的一种权利。不同的管理职位具有不同的权限范围。如技术负责人和设备管理员，其职位不同，所辖权限范围也就不同，所以，职权与企业内的一定职位有关。

2. 职权的形式

职权的形式有直线职权、参谋职权和职能职权 3 种。

直线职权是直线人员所拥有的包括发布命令及执行决策等的权力，即指挥权。每一管理层的主管人员都具有这种职权。但是，处于不同管理层次上的主管人员职权的大小及范围是不同的。如厂长、分析车间主任、各化验室班组长等。直接职权是从组织上层到下层的主管人员之间形成一条权力线，这条权力线常被称为指挥链或指挥系统。在这条权力线中，职权的指向是由上而下。由于在这条指挥链上存在着不同管理层次的直线职权，故指挥链又叫做层次链。它像金字塔一样通过指挥的信息传递，由上而下或由下而上地进行。所以，指挥链既是权力线，又是信息通道。

参谋职权是参谋人员或参谋机构所拥有的辅助性职权，包括向直线主管人员提供咨询、服务、建议等权力。其主要任务是协助直线主管进行工作。

职能职权是指参谋人员或某部门的主管人员所拥有的原属直线主管的那部分权力。即主管人员为了改善和提高管理效率，把一部分本属于自己的直线职权授予参谋人员或某个部门的主管人员行使。因此，职能职权是由直线职权派生的限于特定职能范围内的直线权力。如分析车间主任以及办公室主任等，他们除了拥有对下属的直线职权外，还拥有主要负责人所赋予的特定权力，可在其职能范围内对其他部门及其下属发号施令。

二、权力的委派

权力的委派，也称为授权。所谓授权是指上级授给下属一定的权力，使下属在一定的监督下和权限范围内，有其自主权和行动权。权力委派的最终目的是为了高水平、高质量地完成企业质量方针和目标。

1. 授权过程

完成授权过程的第一步，首先是职责的分配。因为每位在岗企业成员都应承担一定的职责，这个职责是来自于企业目标和组织结构确定，客观条件所赋给每位成员的工作任务和应尽责任，如管理人员职责、执行人员职责和核查人员职责等。在明确了职责和任务之后，第二步就要进行权力的授予，即给予受权人相应的权力，如有权调阅所需资料、有权调配有关人员等。进行授权过程的第三步，就是要明确责任。当被授权者拥有了相应权力时，就有责任去履行所分派的工作任务和正确地运用所委派的权力，也应为完成所分派的工作尽职尽责，恪尽职守，而且不滥用权力，在工作中向授权者承担责任。授权过程的最后一个环节是权力的收回。已授予的权力，只要情况需要就可以收回。例如事实证明被授权者缺乏履行职责的足够能力或者由于企业目标和职责分派发生变化等，都可以将权力收回或重新加以授权。

2. 授权的原则

为了使授权行为起到所期望的效果，实现权力的有效性，授权者在授权之前要灵活掌握以下原则。

首先要明确目标，授权的目的是为了有助于企业目标的实现，而不是其他，这是授权时总的基本原则。此外，授权者在授权时要掌握政策，按相关政策规定的要求授权；否则，任意授权将会导致组织秩序的混乱，后果不堪设想。其次，在授权的同时应明确受权人的任务、目标及权责范围，做到权责相当，这样不仅使受权人有权，而且有责，权责分明。再次，虽然授权者可将职责和权力授予下级，但对企业的责任是绝对不能委派的，这是授权者应具有的责任，也就是责任的绝对性。授权者要对整个企业目标的实现负总责任。最后，由于授权者对分派的职责负有最终的责任，因此要慎重选择受权者。在选择时必须坚持"因事择人，势能授权"，既要根据所要分派的任务来选择具备完成任务所需条件的受权者，还要根据所选受权者的实际能力，授予相应的权力和对等的责任。

综上所述，权力的委派充分体现了管理人员与执行人员之间、上级与下级之间、部门与部门之间等的权责关系。正确处理权责关系，有利于组织工作的开展，有利于化验室组织目标的实现，有利于企业的振兴与腾飞。

 阅读材料

"海尔"企业文化

海尔集团 1984 年创立于青岛。创业以来，海尔坚持以用户需求为中心的创新体系驱动企业持续健康发展，从一家资不抵债、濒临倒闭的集体小厂发展成为全球最大的家用电器制造商之一。2012 年，海尔集团全球营业额 1631 亿元，在全球 17 个国家拥有 7 万多名员工，海尔的用户遍布世界 100 多个国家和地区。

一、海尔企业文化

海尔企业文化是被全体员工认同的企业领导人创新的价值观。海尔文化的核心是创新。它是在海尔二十年发展历程中产生和逐渐形成特色的文化体系。海尔文化以观念创新为先导、以战略创新为方向、以组织创新为保障、以技术创新为手段、以市场创新为目标，伴随着海尔从无到有、从小到大、从大到强、从中国走向世界，海尔文化本身也在不断创新、发展。员工的普遍认同、主动参与是海尔文化的最大特色。当前，海尔的目标是创中国的世界名牌，为民族争光。这个目标把海尔的发展与海尔员工个人的价值追求完美地结合在一起，每一位海尔员工将在实现海尔世界名牌大目标的过程中，充分实现个人的价值与追求。海尔文化不但得到国内专家和舆论的高度评价，还被美国哈佛大学等世界著名学府列入 MBA 案例库。

二、海尔精神与海尔作风

海尔精神：敬业报国、追求卓越。

海尔作风：迅速反应、马上行动。

案例 1　17 小时将海尔经理人的建议变成样机

美国海尔贸易公司总裁迈克曾接到许多消费者的反映，说普通冷柜太深了，取东西很不方便。在 2001 年"全球海尔经理人年会"上，迈克突发奇想，能否设计一种上层为普通卧式冷柜，下面为带抽屉的冷柜，二者合一不就解决这一难题了吗？冷柜产品本部在得知迈克的设想后，四名科研人员采用同步工程，连夜奋战，仅用 17 个小时就完成了样机。不但如此，他们还超出用户的想象，又做出了第二代产品。在当晚的答谢宴会上，当这些样机披着红绸出现在会场上时，引来一片惊叹声，接着爆发出一阵长时间的热烈的掌声。冷柜产品本部部长马坚上台推介这一工商互动共同的结晶，并当场以迈克的名字为这一冷柜命名。

案例 2　砸冰箱的故事

1985 年，一位用户向海尔反映：工厂生产的电冰箱有质量问题。于是张瑞敏首席执行官突击检查了仓库，发现仓库中不合格的冰箱还有 76 台！当时研究处理办法时，干部提出意见：作为福利处理给本厂的员工。就在很多员工十分犹豫时，张瑞敏却做出了有悖"常理"的决定：开一个全体员工的现场会，把 76 台冰箱当众全部砸掉！而且，由生产这些冰箱的员工亲自来砸！听闻此言，许多老工人当场就流泪了，要知道，那时候别说"毁"东西，企业就连开工资都十分困难！况且，在那个物资还紧缺的年代，别说正品，就是次品也要凭票购买的！如此"糟践"，大家"心疼"啊！当时，甚至连海尔的上级主管部门都难以接受。但张瑞敏明白：如果放行这些产品，就谈不上质量意识！我们不能用任何姑息的做法，来告诉大家可以生产这种带缺陷的冰箱，否则今天是 76 台，明天就可以是 760 台、7600 台，所以必须实行强制，必须要有震撼作用！因而，张瑞敏选择了不变初衷！结果，就是一柄大锤，伴随着那阵阵巨响，真正砸醒了海尔人的质量意识！从此，在家电行业，海尔人砸毁 76 台不合格冰箱的故事就传开了！至于那把著名的大锤，海尔人已把它摆在了展览厅里，让每一个新员工参观时都牢牢记住它。1999 年 9 月 28 日，张瑞敏在上海《财富》论坛上说："这把大锤对海尔今天走向世界，是立了大功的!"可以说，这个举动在中国的企业改革中，等同于福特汽车流水线的改革。企业管理的最大挑战，便是在事情出现不好的苗头时，就果断采取措施转变员工的思想观念。在次品依然紧缺时，海尔就看到了次品除了被淘汰，毫无出路！任何企业要走品牌战略的发展道路，质量就永远是生存之本。所以海尔提出："有缺陷的产品，就是废品!"而海尔的全面质量管理，推广的不是数理统计方法，而是提倡"优秀的产品是优秀的员工干出来的"，从转变员工的质量观念入手，实现品牌经营。

三、海尔的人才观——人人是人才，赛马不相马

你能够翻多大跟头，给你搭建多大舞台。现在缺的不是人才，而是出人才的机制。管理者的责任就是要通过搭建"赛马场"为每个员工营造创新的空间，使每个员工成为自主经营的SBU（SBU是strategy business unit的缩写，即战略事业单位。简单说：不仅每个事业部，每个人都是一个SBU，集团总的战略落实到每一位员工，而每一位员工的策略创新又会保证集团战略的实现）。赛马机制具体而言，包含三条原则：一是公平竞争，任人唯贤；二是职适其能，人尽其才；三是合理流动，动态管理。在用工制度上，实行一套优秀员工、合格员工、试用员工"三工并存，动态转换"的机制。在干部制度上，海尔对中层干部分类考核，每一位干部的职位都不是固定的，届满轮换。海尔人力资源开发和管理的要义是，充分发挥每个人的潜在能力，让每个人每天都能感到来自企业内部和市场的竞争压力，又能够将压力转换成竞争的动力，这就是企业持续发展的秘诀。

四、授权与监督相结合

充分的授权必须与监督相结合。海尔集团制定了三条规定：在位要受控，升迁靠竞争，届满要轮流。

"在位要受控"有两个含义：一是干部主观上要能够自我控制、自我约束，有自律意识，二是集团要建立控制体系，控制工作方向、工作目标，避免犯方向性错误；再就是控制财务，避免违法违纪。

"升迁靠竞争"是指有关职能部门应建立一个更为明确的竞争体系，让优秀的人才能够顺着这个体系上来，让每个人既感到有压力，又能够尽情施展才华，不至于埋没人才。

"届满要轮流"是指主要干部在一个部门的时间应有任期，届满之后轮换部门。这样做是防止干部长期在一个部门工作，思路僵化，缺乏创造力与活力，导致部门工作没有新局面，轮流制对于年轻的干部还可增加锻炼机会，成为多面手，为企业今后的发展培养更多的人力资源。

五、海尔的"全员增值管理"

以前管理界有全面质量管理TQM、全面设备管理TPM、全面预算管理TCM等。现在海尔推进的让每个人通过创新实现增值的管理，即TVM（Total Value Management全员增值管理）。全员增值管理的关键在"V"，即Value（价值）上。这是将品牌增值的目标细化到每个人的增值目标之中。TVM和SBU机制的区别：SBU是策略事业单位，其标志是每个人都有市场目标、市场订单、市场效果和市场报酬，表现在每个人都有一张损益表。但损益表中，有盈利的，也有亏损的，盈利的SBU才能产生增值；TVM是让每位员工通过创新产生增值的管理模式，增值的SBU才是有意义的!

六、海尔模式

海尔在全球市场中取胜的竞争模式是：人单合一。"人"，就是"自主创新的SBU"，"单"，就是"有第一竞争力的市场目标"。人单合一模式包括"人单合一"、"直销直发"和"正现金流"。人要与市场合一，成为创造市场的SBU。直接营销到位、直接发运到位，是实现"人单合一"的基础；只有在直销到位的前提下才能直发到位。正现金流是企业生存的空气，利润是企业生存的血液，没有正现金流，企业就会窒息。

七、OEC管理法

OEC管理法是英文Overall Every Control and Clear的缩写，即每天对每人每件事进

行全方位的控制和清理。O-Overall（全方位）；E-Everyone（每人）Everyday（每天）Everything（每件事）；C-Control（控制）Clear（清理）。OEC 管理法的主要目的是："日事日毕、日清日高"每天的工作要每天完成，每一天要比前一天提高 1%。"OEC"管理法由三个体系构成：目标体系→日清体系→激励机制。首先确立目标；日清是完成目标的基础工作；日清的结果必须与正负激励挂钩才有效。

企业在市场上的地位犹如斜坡上的小球，需要有上升力（目标的提升），使其不断向上发展；还需要有止动力（基础管理），防止下滑，这就是斜坡球体论。用斜坡球体论来比喻 OEC 在管理上的深层含义的三方面：

（1）管理是企业成功的必要条件　没有管理，没有止挡，企业就会下滑，就不可能成功。

（2）抓管理要持之以恒　管理工作是一项非常艰苦而又细致的工作。管理水平易反复，也就是说止挡自己也会松动下滑，需要不断地加固。

（3）管理是动态的，永无止境的　企业向前发展，止挡也要跟着提高。管理无定式，需要根据企业目标的调整、根据内外部条件的变化进行动态优化，而不能形成教条。海尔的口号是"练为战，不为看"，一切服从于效果。

八、6S 管理

6S 管理是海尔为深入到每个班组、每个员工而创建的一种全员参与的管理方法。

（1）整理（SEIRI）　将有用的和无用的物品分开，将无用的物品清理走，将有用的物品留下。

（2）整顿（SEITON）　有用的留下后，依规定摆放整齐，定位、归位、标识，保证使用方便。

（3）清扫（SEISO）　打扫、去脏、去乱等保持清洁的过程，对过程要有具体明确的频次及规范要求（如每天清理设备 2 次）。

（4）清洁（SEIKETSU）　清扫的必然结果，要有明确的标准，使环境保持干净亮丽，一尘不染。如"漆见本色、铁见光"等。维护成果，根绝一切污染源、质量污点和安全隐患。

（5）素养（SHITSUKE）　每位员工养成良好习惯，自觉进行整理、整顿、清扫、清洁的工作。变成每个岗位的"两书一表"，并能日清日高。

（6）安全（SAFETY）　人、机、料、法、环均处于安全状态和环境下。有消灭一切安全事故隐患的机制。

九、管理的三个基本原则

（1）闭环原则　凡事要善始善终，都必须有 P. D. C. A（P —— PLAN 计划、D —— DO 实施、C —— CHECK 检查、A —— ACTION 处理）循环原则，螺旋上升。

（2）比较分析原则　纵向与自己的过去比，横向与同行业国际先进水平比，没有比较就没有发展。

（3）不断优化的原则　根据木桶理论，找出薄弱项，并及时整改，提高全系统水平。

十、海尔理念

（1）生存理念　永远战战兢兢　永远如履薄冰。

（2）用人理念　人人是人才，赛马不相马。你能翻多大跟头，给你搭多大舞台。

（3）质量理念　优秀的产品是优秀的人干出来的。高标准，精细活，零缺陷。

（4）品牌理念　国门之内无名牌。如果在国内做得很好，不进入国际市场，那么优势也是暂时的。资本是船，品牌是帆，企业是人，文化是魂。

（5）营销理念　先卖信誉，后卖产品。

（6）市场竞争理念　打价值战不打价格战。

（7）竞争理念　浮船法：只要比竞争对手高一筹，半筹也行；只要保持高于竞争对手的水平，就能掌握主动权。

（8）市场理念　创造市场：只有淡季的思想，没有淡季的市场；只有疲软的思想，没有疲软的市场。

（9）出口理念　先难后易。首先进入发达国家，创出名牌之后，再以高屋建瓴之势进入发展中国家。

（10）资本运营理念　东方亮了再亮西方。

（11）海尔技术改造理念　先有市场，再建工厂。

（12）技术创新理念　创造新市场，创造新生活，市场的难题就是我们创造新的课题。

（13）职能工作服务理念　您的满意就是我们的工作标准。

思考与练习题

一、填空题

1. 中心化验室应具有独立开展业务的（　　　），不受任何（　　　）干预，在组织机构、管理制度等方面（　　　）独立。

2. 化验室组织机构的设置应以（　　　）为依据，有效地进行（　　　）配置、（　　　）设备配置，明确组织机构在（　　　）中所具有的地位及权力。

3. 化验室规模，要从实际出发，（　　　）规划，（　　　）设置，要做到（　　　）、仪器设备、（　　　）与（　　　）协调发展。

4. 认可的化验室应（　　　）能满足检验项目的仪器设备，以及具有能满足（　　　）需要的场所设施和环境条件。

5. 资源包括两大类，一类是（　　　），另一类是（　　　）。

6. 化验室人员配置需要考虑的3个方面内容是（　　　）、（　　　）和（　　　）。

7. 化验室系统一般设置（　　　）、（　　　）和（　　　），构成一个三级检验体系。

8. 中控化验室是指设置在（　　　）或（　　　）的化验室。

9. 化验室权力范围是指（　　　）。

10. 权力是为了达到（　　　），人们直接或间接地通过他人的行为而进行（　　　）的权利。

11. 职权是指管理职位（　　　）的一种权利。

二、判断题

1. 企业的化验室作为企业产品的质检机构，具有法律地位。（　　　）

2. 化验室系统一般设有中心化验室、车间化验室和班组化验室（岗），构成一个三级检验体系。（　　　）

3. 化验室规模大小应根据企事业组织的目标进行设计和规划。（　　　）

4. 中控化验室是指设置在生产车间或班组中的化验室。（　　　）

5. 化验室人员配置是依据企业的组织目标要求进行合理配置。（　　　）

6. 化验室仪器设备的配置主要根据所承担的检验任务及性质来进行。（　　）

7. 化验室组织机构可根据企业规模和企业目标不同有多种形式。（　　）

8. 中控化验室的作用是为了监控生产过程中的中间产品、半成品和成品的质量。（　　）

9. 质检机构在检验工作中，不受任何行政干预。（　　）

10. 化验室机构职责包括岗位职责和人员岗位职责两部分。（　　）

11. 授权是指上级委派给下级的权力。（　　）

三、问答题

1. 检验人员的主要职责有哪些？

2. 检验责任工程师岗位的职责有哪些？

3. 中心化验室设置的化验室有哪些？

4. 化验室应具有哪些权力？举例说明。

5. 阐述办公室职责内容。

6. 阐述检验工程师职责内容。

7. 质量监督员应具有何种职责？

8. 阐述计量管理员的职责是什么？

9. 授权过程包括哪几个步骤？为什么？

10. 授权应掌握哪些原则？

第三章

化验室建筑与设施建设管理

🖐 知识目标

1. 了解化验室设计的内容和建筑设计的过程。

2. 理解化验室设计对建筑、环境、防振和布局的基本要求。

3. 掌握基本化验室、精密仪器室和辅助室对基础设施建设的要求。

🖐 能力目标

1. 根据化验室建筑设计基本要求，能够设计"化学分析化验室"的排风系统方案。

2. 根据化验室建筑设计和基础设施建设要求，能够设计三十台套的"电子天平室"平面图，并用文字加以说明。

第一节　化验室设计的内容和过程

建造化验室，从拟订计划到建成使用，一般有编制计划任务书、选择和勘探基地、设计、施工，以及交付使用后的回访等几个阶段。设计工作是其中比较重要的过程，它必须严格执行国家基本建设计划，并且具体贯彻建设方针和政策。通过设计这个环节，把计划中有关设计任务的文字资料内容编制成可以代替化验室建筑的整套图纸。

一、化验室设计的主要内容

化验室的设计，一般包括化验室建筑设计、结构设计和设备设计等几部分，它们之间既有分工，又相互密切配合。由于建筑设计是建筑功能、工程技术和建筑艺术的综合，因此它必须综合考虑建筑、结构、设备等工种的要求，以及这些工种的相互联系和制约。

建筑设计依据的文件有：

① 主管部门有关建设任务使用要求、建筑面积、单方造价和总投资的批文，以及国家有关部、委或各省、市、地区规定的有关设计定额和指标。

② 工程设计任务书。由建设单位根据使用要求，提出各个化验室的用途、面积大小以及其他的一些要求，化验室工程设计的具体内容、面积、建筑标准等都需要和主管部门的批文相符合。

③ 城建部门同意设计的批文。内容包括用地范围，以及有关规划、环境等建设部门对

拟建化验室的要求。

④ 委托设计工程项目。建设单位根据有关批文向设计单位正式办理委托设计的手续，规模较大的工程还常采用投标方式，委托得标单位进行设计。

设计人员根据上述设计的有关文件，通过调查研究，收集必要的原始数据和勘探设计资料，综合考虑总体规划、基地环境、功能要求、结构施工、材料设备、建筑经济以及建筑艺术等多方面的问题，进行设计并绘制成化验室的建筑图纸，编写主要意图的说明书与图纸，编写各化验室的计算书、说明书以及概算和预算书。

二、化验室建筑设计的过程和设计阶段

在具体进行化验室建筑平、立、剖面的设计前，需要有一个准备过程，以做好熟悉任务书、调查研究等一系列必要的准备工作。

化验室建筑设计一般分为初步设计、技术设计和施工图设计 3 个阶段。

由于化验室建筑的建造是一个较为复杂的过程，影响设计和建造的因素又很多，因此必须在施工前有一个完整的设计方案，综合考虑多种因素，编制出一整套设计施工图纸和文件。实践证明，遵循必要的设计程序，充分做好设计前的准备工作，划分必要的设计阶段，对提高化验室的建筑质量是极为重要的。

化验室设计过程和各个设计阶段具体分述如下。

1. 设计前的准备工作

（1）熟悉设计任务书　具体着手设计前，首先需要熟悉设计任务书，以明确化验室建设项目的设计要求。设计任务书的内容有：

① 化验室建设项目总的要求和建造目的的说明；

② 各化验室的具体使用要求、建筑面积以及各类化验室之间的面积分配；

③ 化验室建筑的总投资和单方造价，并说明土建费用、房屋设备费用以及道路等室外设施费用情况；

④ 化验室基地范围、大小，周围原有建筑、道路、地段环境的描述，并附有地形测量图；

⑤ 供电、供水和采暖、空调等设备的要求，并附有水源、电源接用许可文件；

⑥ 公害处理要求，即对废气、废水、废物、噪声、辐射、振动等的技术处理要求；

⑦ 设计期限和化验室项目的建设进程要求。

设计人员应对照有关定额指标，校核任务书中单方造价、房间使用面积等内容，在设计过程中必须严格掌握建筑标准、用地范围、面积指标等有关限额。同时，设计人员在深入调查和分析设计任务以后，从合理解决使用面积、满足技术要求、节约投资等考虑，或从建设基地的具体条件出发，也可对任务书中一些内容提出补充或修改，但须征得建设单位的同意；涉及用地、造价、使用面积的，还须经城建部门或主管部门批准。

（2）收集必要的设计原始数据　通常化验室建设单位提出的设计任务，主要是从自身要求、建筑规模、造价和建设进度方面考虑的，化验室的设计和建造还需要收集下列有关原始数据和设计资料。

① 气象资料：所在地区的温度、湿度、日照、雨雪、风向和风速，以及冻土深度等。

② 基地地形及地质水温资料：基地地形标高、土壤种类及承载力，地下水位以及地震烈度。

③ 水电等设备管线资料：基地地下的给水、排水、电缆等管线布置，以及基地上的架

空线路情况。

④ 设计项目的有关定额指标：国家或所在省市地区有关化验室设计项目的定额指标，例如化验室的面积定额、建筑用地、用材等指标。

（3）设计前的调查研究　设计前调查研究的主要内容如下。

① 各化验室的使用要求：深入访问有实践经验的人员，认真调查同类已建化验室的实际使用情况，通过分析和总结，对所设计房屋的使用要求做到"心中有数"。

② 建筑材料供应和结构施工等技术条件：了解设计化验室所在地区建筑材料供应的品种、规格、价格等情况，预制混凝土制品以及门窗的种类和规格，新型建筑材料的性能、价格以及采用的可能性。结合化验室的使用要求和建筑空间组合的特点，了解并分析不同结构方案的选型，当地施工技术和起重、运输等设备条件。

③ 基地勘探：根据城建部门所划定的设计化验室基地的图纸，进行现场勘探，深入了解基地和周围环境的现状及历史，核对已有资料与基地现状是否符合，如有出入给予补充或修正。从基地的地形、方位、面积和形状等条件，以及基地周围原有建筑、道路、绿化等多方面的因素，考虑拟建化验室的位置和总平面布局的可能性。

④ 当地经验和生活习惯：传统建筑中有许多结合当地地理、气候条件的设计布局和创作经验，根据拟建化验室的具体情况，可以"取其精华"，以资借鉴。同时在建筑设计中，也要考虑到当地的生活习惯以及人们乐于接受的建筑形象。

（4）学习有关方针政策，以及同类型设计的文件、图纸说明。

2. 初步设计阶段

初步设计是化验室建筑设计的第一阶段，它的主要任务是提出设计方案，即在已定的基地范围，按照设计任务书所拟定的化验室的使用要求，综合考虑技术、经济条件和建筑艺术方面的要求，提出设计方案。

初步设计的内容包括确定化验室的组合方式，选定所用建筑材料和结构方案，确定化验室在基地的位置，说明设计意图，分析设计方案在技术上、经济上的合理性，并提出概算书。

初步设计的图纸和设计文件如下。

① 建筑总平面。比例尺为 1：500～1：2000（化验室在基地上的位置、标高，以及基地上设施的布置和说明）。

② 各层平面及主要剖面、立面。比例尺为 1：100～1：200（标出各化验室的主要尺寸，化验室的面积、高度以及门窗位置，部分化验室室内用具和设备的布置）。

③ 说明书（设计方案的主要意图、主要结构方案及构造特点，以及主要技术经济指标等）。

④ 建筑概算书。

⑤ 根据设计任务的需要，可以附上建筑透视图或建筑模型。

建筑初步设计有时可有几个方案进行比较，审核后经有关部门的协议并确定方案批准下达后，这一方案便是二级阶段设计时的施工准备、材料设备订货、施工图编制以及基建拨款等的依据文件。

3. 技术设计阶段

技术设计是三阶段建筑设计时的中间阶段。它的主要任务是在初步设计的基础上，进一步确定各化验室之间的技术问题。

技术设计的内容为各化验室相互提供资料、提出要求，并共同研究和协调编制拟建各化验室的图纸和说明书，为各化验室编制施工图打下基础。在三阶段设计中，经过送审并批准的技术设计图纸和说明书等，是施工图编制、主要材料设备订货以及基建拨款的依据文件。

技术设计的图纸和设计文件，要求化验室建筑的图纸标明与技术工种有关的详细尺寸，并编制化验室建筑部分的技术说明书，结构工种应有化验室结构布置方案图，并附初步计算说明，仪器设备也应提供相应的设备图纸及说明书。

对于不太复杂的化验室工程，技术设计阶段可以省略，把这个阶段的一部分工作纳入初步设计阶段，称为"扩大初步设计"；另一部分工作则留待施工图设计阶段进行。

4. 施工图设计阶段

施工图设计是化验室建筑设计的最后阶段。它的主要任务是满足施工要求，即在初步设计或技术设计的基础上，综合建筑、结构、设备各工种，相互交底、核实核对，深入了解材料供应、施工技术、设备等条件，把满足化验室工程施工的各项具体要求反映在图纸中，做到整套图纸齐全统一、明确无误。

施工图设计的内容包括：确定全部工程尺寸和用料，绘制化验室建筑、结构、设备等全部施工图纸，编制化验室工程说明书、结构计算书和预算书。

施工图设计的图纸及设计文件如下。

① 建筑总面积。比例尺为 1：500（化验室建筑基地范围较大时，也可用 1：1000、1：2000，应详细标明基地上化验室建筑物、道路、设施等所在位置的尺寸、标高，并附说明）。

② 各层化验室建筑平面、各个立面及必要的剖面。比例尺为 1：100～1：200。

③ 化验室建筑结构节点详图。根据需要可采用 1：1、1：5、1：10、1：20 等比例尺（主要为檐口、墙身和各构件的连接点，楼梯、门窗以及各部分的装饰大样等）。

④ 各化验室工种相应配套的施工图。如基础平面图和基础详图、楼板及屋顶平面图和详图、结构构造节点详图等结构施工图。给排水、电器照明及暖气或空气调节等设备施工图。

⑤ 化验室建筑、结构及设备等的说明书。

⑥ 结构及设备的计算书。

⑦ 化验室工程的预算书。

第二节　化验室建筑设计的基本要求

满足化验室的各种功能要求，为化验创造良好的环境，是化验室建筑设计的首要任务。针对各化验室提出的具体方案要求，再对化验室进行设计和施工。也可以自行设计一个表格，提出具体要求，最后将方案确定下来。对化验室设计的要求分述如下。

一、化验室设计方案要求

1. 化验室名称

（1）化验室房间名称　如无机化学化验室、有机化学化验室、分析化学化验室、物理化学化验室、精密仪器化验室、电子计算机实验室、储存室等。

（2）需要间数　同一类的化验室需要几间，如无机化学化验室需要 5 间，就标明"5"。

（3）每间使用面积　每间使用面积的大小往往与建筑模数❶联系起来，应根据当地的施工条件，确定采用何种模数及何种结构、形式比较符合实际。如采用模数为 $6m \times 7m$ 的柱网，则每间使用面积可填 $40m^2$。

2. 化验室建筑要求

（1）化验室房间位置要求

① 底层：化验室设备重量较大或要求防震的房间，可设置在底层。

② 楼层。

③ 朝向：有些辅助化验室房间或化验室本身要求朝北，多数化验室要求朝南，这就需要具体研究，综合平衡。

（2）化验室房间要求　指化验室本身的要求。

① 一般清洁。

② 洁净：进行化验或实验时要求房间内达到一定的洁净要求。

③ 耐火。

④ 安静：如消声室等。

（3）化验室房间尺寸要求　如按建筑模数排列各化验室，就按模数的倍数填写长、宽、高。如化验室要求空气调节必须吊顶，则层高就相应地要增加。有些化验室属于特殊类型的，则采用单独的尺寸。

（4）门的要求　化验室的门有以下各种要求。

① 门的开向：内开，门向房间内开；外开，主要设置在有爆炸危险的房间内。

② 隔声：有的化验室需要安静，要求设置。

③ 保温：如冷藏室要求采用保温门。

④ 屏蔽：防止电磁场的干扰而设置的屏蔽门。

⑤ 自动门。

（5）窗的要求　化验室的窗有各种要求。

① 开启：指向外开启的窗扇。

② 固定：有洁净要求的化验室可以采用固定窗，以防止灰尘进入室内。

③ 部分开启：在一般情况下窗扇是关闭的，用空气调节系统进行换气，当检修、停电时，则可以开启部分窗扇进行自然通风。

④ 双层窗：在寒冷地区或空调要求的房间采用。

⑤ 遮阳：根据化验室的要求而定，有时需用水平遮阳，有时需用垂直遮阳；也可以采用窗帘、百叶窗等遮阳。

⑥ 屏蔽窗。

⑦ 隔声窗。

（6）墙面要求　墙面根据化验室的要求各有不同。

① 一般要求。

② 可以冲洗：有的墙面要求清洁，可以冲洗。

③ 墙裙高度：离地面 $1.2 \sim 1.5m$ 的墙面做墙裙，便于清洁。

④ 保温：冷藏室墙面要求隔热。

---

❶ 建筑模数：建筑设计中选定的标准尺寸单位。作为建筑物、建筑构配件、建筑制品以及有关设备等尺寸相互间协调的基础。

⑤ 耐酸碱：有的化验室在实验时有酸碱气体逸出，要求设计耐酸碱的油漆墙面。

⑥ 吸声：实验时产生噪声，影响周围环境，墙面要用吸声材料。

⑦ 消声：实验时避免声音反射或外界的声音对实验有影响，墙面要进行消音设计。

⑧ 屏蔽：外界各种电磁波对化验室内部实验有影响，或化验室内部发出各种电磁波对外界有影响。

⑨ 色彩：根据化验室的要求和舒适的室内环境选用墙面色彩，墙面色彩的选用应该与地面、平顶、化验台等的色彩相协调。

（7）地面要求

① 一般要求。

② 清洁、防滑、干燥等。

③ 防振：一种是实验本身所产生的振动，要求设置防振措施以免影响其他房间；另一种是实验本身或精密仪器本身所提出的防振要求。

④ 防放射性污染。

⑤ 防静电。

⑥ 隔声。

⑦ 架空：由于管线太多或架空的空间作为静压箱，设置架空地板，并提出架空高度。

（8）吊顶要求

① 不吊顶：一般化验室大多数不吊顶。

② 吊顶：在化验室的顶板下再吊顶，一般用于要求较高的化验室。

（9）通风柜要求　化验室常利用通风柜进行各种化学实验，根据实验要求提出通风柜的长度、宽度和高度。

（10）实验台要求　实验台分岛式实验台（实验台四边可用）、半岛式实验台（实验台三边可用）、靠墙式实验台和靠窗式实验台。提出实验台的长、宽、高的要求。

（11）固定壁柜　一般设置在墙与墙之间、不能移动的柜子。

3. 结构

根据荷载性质分为恒载和活荷载两类。恒载是作用在结构上的不变的荷载，如结构自重、土重等；活荷载是作用在结构上的可变荷载，各楼面活荷载、屋面活荷载、屋面积灰荷载、雪荷载及风荷载等。

（1）地面荷载　指底层地面荷载，即每平方米的面积内平均有多少千克的物体。

（2）楼面荷载　指二层及二层以上的各层楼面活荷载。

（3）屋面荷载　屋面上是否要上人，雪荷载有多少等。

（4）特殊设备附加荷载　有的化验室内如果有特别重的设备，必须注明设备的重量、尺寸大小以及标明设备轴心线距离墙的尺寸。

（5）防护墙密度　有 γ 射线实验装置的建筑物，防护墙材料的选择以及其墙厚度的尺寸均应根据化验室的不同要求进行仔细的考虑。防护墙厚度是某种材料的密度，如采用普通混凝土，其密度为 $2.3t/m^3$。

（6）地基钻探资料　在设计阶段，必须提供地基钻探资料，以便根据钻探资料进行基础设计。

（7）抗震要求　拟建化验室的地区是否属于抗震区，抗震的等级。

4. 采暖通风

（1）采暖

① 蒸汽系统：采用蒸汽供暖的系统。

② 热水系统：采用热水供暖的系统。

③ 温度：房间采暖的温度为多少摄氏度。

（2）通风

① 自然通风：不设置机械通风系统。

② 单通风：靠机械排风。

③ 局部排风：如某一化验室产生有害气体或气味等需要局部排风。在有机械排风要求时，最好能提出每小时换气次数。

④ 空调：有些化验室要求恒温恒湿，采用空气调节系统可以保证化验室内的温度和湿度。给出温度为多少摄氏度，允许温度为正负多少摄氏度；相对湿度为多少百分数。

⑤ 洁净要求：有些化验室的空气要求保持在一定的洁净度时，则需要提出洁净等级。

5. 气体管道

根据需要选用气体管道，有些化验室需要量特别大的必须注明。气体管道分为氧气、真空、压缩空气及城市煤气等。

6. 给排水

（1）给水

① 冷水：即城市中的自来水或采用地下水。

② 热水：根据实验要求采用。

③ 去离子水：有些化验室需要去离子水。

④ 水温：要求多少摄氏度。

屋顶水箱：设置水箱，有些实验要求较高，要有一定的水压。有的城市水压不够，要设置水箱。

（2）排水

① 水温：实验时排出的水的温度为多少摄氏度。

② 酸碱性物质：排水中若有酸性物质，应说明其浓度为多少，数量为多少；若排水中有碱性物质，其浓度为多少，数量为多少。

③ 放射性物质：排水中有放射性物质，要注明有多少种放射性物质，其浓度为多少。

④ 设置地漏：为方便，可以在化验室地面上设置一个排水口。

7. 电

（1）照明用电

① 日光灯。

② 白炽灯。

③ 要求工作面上的照度有多少勒克斯（lx）。

④ 安全照明。

⑤ 事故照明：指万一发生危险情况时需要的照明。

⑥ 明线：电线用外露形式的。

⑦ 暗线：电线采用暗装形式的。

（2）设备用电

① 工艺设备用电量（kW）：按每台设备的容量提出数据。

② 供电电压：标明电压是多少伏特（V）。

③ 单向插座：标明插座的电流是多少安培（A）。

④ 三相插座：标明插座的电流是多少安培(A)。

⑤ 特殊设备：大型设备的用电要求。

⑥ 供电路数：根据化验的重要性，提出供电要求（指不能停电、要求电压稳定、频率稳定等）。

8. 防雷

化验室建设地点的雷击情况要调查清楚，提出防雷要求。

二、各主要化验室对环境的基本要求

一般地说，任何化验室都应该使化验室内的各种仪器设备、装置、化学试剂等免受环境如阳光、温度、湿度、粉尘、振动、磁场等的影响及有害气体的侵入，不同功能的化验室由于实验性质不同，各化验室对环境有其特殊的要求。

1. 天平室

（1）天平室的温度、湿度要求

① 1、2 级精度天平，应工作在 $(20\pm2)℃$，温度波动不大于 $0.5℃/h$，相对湿度 $50\%\sim60\%$ 的环境中；

② 分度值在 $0.001mg$ 的 3、4 级天平，工作温度为 $18\sim26℃$，温度波动不大于 $0.5℃/h$，相对湿度 $50\%\sim75\%$；

③ 一般生产企业化验室常用的 3～5 级天平，在称量精度要求不高的情况下，工作温度可以放宽到 $17\sim33℃$，但温度波动仍不大于 $0.5℃/h$，相对湿度可放宽到 $50\%\sim90\%$；

④ 天平室安置在底层时应注意做好防潮工作；

⑤ 使用"电子天平"的化验室，天平室的温度应控制在 $(20\pm1)℃$，且温度波动不大于 $0.5℃/h$，以避免温度变化对电子元件和仪器灵敏度的影响，保证称量的精确度。

（2）天平室设置应避免阳光直射 不宜靠近窗户安放天平，也不宜在室内安装暖气片及大功率的灯泡（天平室应采用"冷光源"照明），以避免局部温度的不均匀影响称量精确度。

（3）有无法避免的振动时应安装专用天平防振台 当环境振动影响较大的时候，天平宜安装在底层，以便于采取防振措施。

（4）天平室只能使用抽排气装置进行通风。

（5）天平室应专室专用 即使是其他精密仪器，安装时也须用玻璃屏墙分隔，以减少干扰。

2. 精密仪器室

① 精密仪器室尽可能保持温度、湿度恒定，一般温度在 $15\sim30℃$，有条件的最好控制在 $18\sim25℃$，湿度在 $60\%\sim70\%$，需要恒温的仪器可装双层门窗及空调装置。

② 大型精密仪器应安装在专用化验室，一般有独立平台（可另加玻璃屏墙分隔）。

③ 精密电子仪器以及对电磁场敏感的仪器，应远离强磁场，必要时可加装电磁屏蔽。

④ 化验室地板应致密及防静电，一般不要使用地毯。

⑤ 大型精密仪器室的供电电压应稳定，并应设计有专用地线。

⑥ 精密仪器室应具有防火、防噪声、防潮、防腐蚀、防尘、防有害气体侵入的功能。

3. 化学分析实验室

① 室内的温度、湿度要求较精密仪器室略宽松（可放宽至 $35℃$），但温度波动不能过大（$\leqslant2℃/h$）。

② 室内照明宜用柔和自然光，要避免直射阳光。

③ 室内应配备专用的给水和排水系统。

④ 分析室的建筑应耐火或用不易燃烧的材料建成；门应向外开，以利于发生意外时人员的撤离。

⑤ 由于化验过程中常产生有毒或易燃的气体，因此化验室要有良好的通风条件。

4. 加热室

① 加热操作台应使用防火、耐热的防火材料，以保证安全。

② 当有可能因热量散发而影响其他化验室工作时，应注意采用防热或隔热措施。

③ 设置专用排气系统，以排除试样加热、灼烧过程中排放的废气。

5. 通风柜室

① 室内应有机械通风装置，以排除有害气体，并有新的空气供给操作空间。

② 通风柜室的门、窗不宜靠近天平室及精密仪器室的门窗。

③ 通风柜室内应配备专用的给水、排水设施，以便操作人员接触有害物质时能够及时清洗。

④ 本室也可以附设于加热室或化学分析室，但排气系统应加强，以免废气干扰其他化验的进行。

6. 电子计算机室

① 配备电子计算机的化验室或仪器，除了指明特殊要求的以外，一般使用温度可以控制在 $15\sim25℃$ 之间，波动应小于 $2℃/h$，湿度在 $50\%\sim60\%$ 为宜。

② 杜绝灰尘和有害气体，避免电场、磁场干扰和振动。

③ 计算机室对供电电压和频率有一定要求，可根据需要，选用不间断电源。

7. 试样制备室

① 保证通风，避免热源、潮湿和杂物对试样的干扰。

② 设置粉尘、废气的收集和排除装置，避免制样过程中的粉尘、废气等有害物质对其他试样的干扰。

8. 化学试剂溶液的配制储存室

参照化学分析室条件，但需注意阳光暴晒，防止受强光照射使试样变质或受热蒸发，规模较小的化验室也可以附设在化学分析室内。

9. 数据处理室

按一般办公室要求，但不要靠近加热室、通风柜室。

10. 储存室

分析试剂储存室和仪器储存室，供存放非危险性化学药品和仪器，要求阴凉通风、避免阳光暴晒，且不要靠近加热室、通风柜室。

11. 危险物品储存室

① 通常应设置在远离主建筑物、结构坚固并符合防火规范的专用库房内。有防火门窗，通风良好，远离火源、热源，避免阳光暴晒。

② 室内温度宜在 $30℃$ 以下，相对湿度不超过 85%。

③ 采用防爆型照明灯具，备有消防器材。

④ 库房内应使用防火材料制作的防火间隔、储物架，储存腐蚀性物品的柜、架，应进行防腐蚀处理。

⑤ 危险试验应分类分别存放，挥发性试剂存放时，应避免相互干扰。

⑥ 门窗应设遮阳板，并且朝外开。

在实际工件中，应根据化验室工作的需要考虑各种类型的专业化验室的设置，尽可能做到资源的合理应用。

三、化验室对建筑布局的要求

1. 化验室的尺寸要求

（1）平面尺寸要求　化验室的平面尺寸主要取决于化验工作的要求，并考虑安全和发展的需要等因素。例如实验台、仪器设备的放置和运行空间，通常情况下，岛式实验台宽度为 1.2～1.8m（带工程网时不小于 1.4m）；靠墙的实验台宽度为 0.75～0.9m（带工程网时可增加 0.1m）；靠墙的储物架宽度为 0.3～0.5m。实验台的长度一般是宽度的 1.5～3倍。通道方面，实验台间通道一般为 1.5～2.1m，岛式实验台与外墙窗户的距离一般为 0.8m。

（2）化验室的高度尺寸

① 化验室的一般功能实验室　操作空间高度不应小于 2.5m，考虑到建筑结构、通风设备、照明设施及工程管网等因素，新建的化验室，建筑楼层高度采用 3.6m 或 3.9m。

② 专用电子计算机室　工作空间净高一般要求为 2.6～3m，加上架空地板（高约 0.4m，用于安装通风管道、电缆等用途）以及装修等因素，建筑高度高于一般化验室。

2. 走廊要求

（1）单面走廊　单面走廊净宽 1.5m 左右。

（2）双面走廊　适用于长而宽的建筑物，中间为走廊，净宽 1.82m，当走廊上空布置有通风管道或其他管道时，应加宽为 2.4～3.0m，以保证各个化验室的通风要求。

（3）检修走廊　宽度一般采用 1.5～2.0m 之间。

（4）安全走廊　安全要求较高的化验室需设置安全走廊，一般在建筑物外侧建安全走廊，以便于紧急疏散。宽度一般为 1.2m。

3. 建筑模数要求

（1）开间模数要求　化验室的开间模数主要取决于化验人员活动空间以及工程管网合理布置的必需尺度。对于目前常用的框架结构，开间尺寸比较灵活，常用的"柱距"有 4.0m、4.5m、6.0m、6.5m、7.2m 等。一般旧式的混合结构为 3.0m、3.3m、3.6m。

（2）进深模数要求　化验室的进深模数取决于实验台的长度和其布置形式，即采用岛式还是半岛式实验台，还取决于通风柜的布置形式。目前采用的进深模数有 6.0m、6.7m、7.2m 或 8.4m 等。

（3）层高模数要求　化验室层高指相邻两楼板之间的高度，净高是指楼板底面至楼板面的距离。一般层高采用 3.6～4.2m 之间。化验室开间与建筑模数见图 3-1。

4. 化验室的朝向

化验室一般应取南北朝向，并避免在东西向（尤其是西向）的墙上开门窗，以防止阳光直射化验室仪器、试剂，影响化验工作的进行。若条件不允许，或取南北朝向后仍有阳光直射室内，则应设计局部"遮阳"或采取其他补救措施。

在室内布局设计的时候，也要考虑朝向的影响。

5. 建筑结构和楼面载荷

① 化验室宜采用钢筋混凝土框架结构，可以方便地调整房间间隔及安装设备，并具有

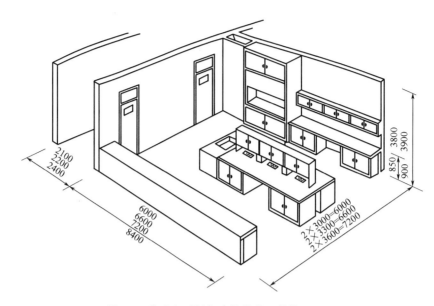

图 3-1　化验室开间与建筑模数（单位：mm）

较高的载荷能力。

② 一般办公大楼的楼板载荷为 200kg/m²，当实际载荷需要超过此数值时，应按实际载荷数进行设计。

③ 当需要载荷量较大时，应安置在底层。

④ 在非专门设计的楼房内，化验室宜安排在较低的楼层。

⑤ 化验室应使用"不脱落"的墙壁涂料，也可以镶嵌瓷片（或墙砖），以避免墙灰掉落。

⑥ 化验室的操作台及地面应作防腐处理。对于旧有楼房改建的化验室，必须注意楼板的承载能力，必要时应采取加强措施。

6. 化验室建筑的防火

（1）化验室建筑的耐火等级　应取一、二级，吊顶、隔墙及装修材料应采用防火材料。

（2）疏散楼梯　位于两个楼梯之间的实验室的门至楼梯间的最大距离为 30m。走廊末端的化验室的门至楼梯间的最大距离为 15m。

（3）走廊净宽　走廊净宽要满足安全疏散要求，单面走廊净宽最小为 1.3m，中间走廊净宽最小为 1.4m。不允许在化验室走廊上堆放药品柜及其他实验设施。

（4）安全走廊　为确保人员安全疏散，专用的安全走廊净宽应达到 1.2m。

（5）化验室的出入口　单开间化验室的门可以设置一个，双开间以上的化验室的门应设置两个出入口，如不能全部通向走廊，其中之一可以通向邻室，或在隔墙上留有安全出入的通道。

7. 采光和照明

精密化验室的工作室，采光系数应取 0.2～0.25（或更大），当采用电气照明时，其照度应达到 150～200lx（勒克斯）。

一般工作室采光系数可取 0.1～0.12，电气照明的照度为 80～100lx。

存有感光性试剂的化验室，在采光和照明设计时可以加滤光装置以削弱紫外线的影响。

凡可能由于照明系统引发危险性，或有强腐蚀性气体的环境的照明系统，在设计时应采取相应的防护措施，如使用防爆灯具等。

四、化验室的防振

1. 环境振源

（1）环境振源的分类

① 自然振源。由于大自然中的各种变化引起的地表振动，如风、海浪和地壳内部变动等因素引起的振动。自然振源的振幅一般情况下对化验室的仪器设备基本不发生影响。

② 人工振源。由人为因素引起的地表振动称为"人工振源"，振动常由地表传播，振幅也较大，对仪器的影响情况各不相同。

人们把自然振源与人工振源合称为"环境振源"，在实际工作中对化验影响最大的还是人工振源。

（2）实验仪器和设备的"允许振动"　在保证仪器设备能够正常工作并达到规定的测量精度的情况下，加上安全系数的考虑后，在其支承结构表面上所容许的最大振动值，称为"允许振动"。

2. 化验室设计时应考虑的问题

由于不同的环境振源对化验室仪器设备的影响各不相同，因此在进行化验室设计的时候，必须根据振源的性质采取不同的防振措施。

① 在选择化验室的建设基地时，应注意尽量远离振源较大的交通干线，以便减少或避免振动对化验室的干扰。

② 在总体布置中，应将所在区域内振源较大的车间（空气压缩站、锻工车间等）合理地布置在远离化验室的地方。

③ 在总体布置中，应尽可能利用自然地形，以减少振动的影响。

④ 在总体布置及进行化验室单体建筑的初步设计时，应先考察所在区域内的振源特点，经全面考虑，采取适当的"隔振措施"以消除振源的不良影响。

3. 化验楼和化验室的隔振

（1）化验楼的整体隔振措施

① 当附近的振动较大时，做防振沟有一定的效果。其应用见图3-2。

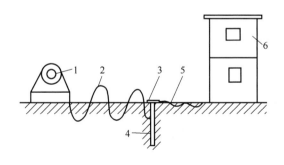

图 3-2　防振沟的应用
1—振源；2—原振动波；3—盖板；4—防振沟；5—次生振动波；6—化验楼

② 在总体设计中遇到振动问题时，可采取下列做法：建筑物四周用玻璃棉作隔振材料，使化验室与室外地表面隔绝，以阻止地面波的影响。这种做法比人工防振沟或防振河道简单、卫生，同时也比较经济。

③ 化验楼内的动力设备房间与化验室相邻时，可设置伸缩缝或沉降缝，也可用抗震缝

将动力设备房间与化验室隔开，这样对振动有一定的隔振效果。

（2）化验楼内的隔振措施　包括消极隔振措施和积极隔振措施。

消极隔振就是为了减少支承结构的振动对精密仪器和设备的影响，而对精密设备采取的隔振措施。消极隔振设计是根据精密仪器的允许振动限值以及动力设备的干扰力，通过计算而选择的隔振措施。而对于无法确定的随机干扰，只能通过现场实测结果来选择隔振措施，以满足精密仪器的正常使用。

消极隔振一般可采用下面两种措施。

① 支承式隔振措施。这种形式构造较简单，自振频率最低可设计成3～4Hz（赫兹），一般适用于外界干扰频率较高的场合，这是使用较多的一种措施。

② 悬吊式隔振措施。这种形式构造较复杂，自振频率最低可达1～2Hz，适用于对水平振动要求较高、仪器设备本身没有干扰振动、外界干扰频率又较低的场合。

积极隔振是为了减少设备产生的振动对支承结构和化验人员造成的影响，而对动力设备所采取的隔振措施。对化验楼内产生较大振动的设备采取积极的隔振措施，可从以下3个方面进行处理。

① 一般采用放宽基础底面积或加深基础，或用人工地基的方法来加强地基刚度。

② 设备基础里加上隔振装置。

③ 建造"隔振地坪"，在建筑物底层的精密仪器化验室及其他防振要求较高的房间里，构筑质量较大的整体地坪，其下垫粗砂及适当的隔振材料，周围再用泡沫塑料等具有减振和缓冲性的物质使地坪与墙体隔开，作用相当于"室内防振沟"。

五、化验室的平面系数

在设计过程中经常碰到总建筑面积、建筑面积、辅助面积及平面系数（K值）等指标。总建筑面积是指几幢化验楼建筑面积之和。建筑面积为一幢化验楼各层外墙外围的水平面积之和（包括地下室、技术层、屋顶通风机房、电梯间等），使用面积是指实际有效的面积；辅助面积是指大厅、走廊、楼梯、电梯、卫生间、管道竖井、墙厚、柱子等面积之和。平面系数＝使用面积/建筑面积，其中，使用面积＝建筑面积－辅助面积。

第三节　化验室的基础设施建设

化验室的基础设施建设主要内容是基本化验室的基础设施建设、精密仪器室的基础设施建设和辅助室的基础设施建设三部分。

一、基本化验室的基础设施建设

1. 基本化验室的室内布置

基本化验室内的基础设施有：实验台与洗涤池；通风柜与管道检修井；带试剂架的工作台或辅助工作台；药品橱以及仪器设备等。

（1）实验台的布置方式　化验室一般采用岛式、半岛式实验台。

岛式实验台，实验人员可以在四周自由行动，在使用中是比较理想的一种布置形式。其缺点是占地面积比半岛式实验台大，另外实验台上配管的引入比较麻烦。

半岛式实验台有两种：一种为靠外墙设置；另外一种为靠内墙设置。半岛式实验台的配管可直接从管道检修井或从靠墙立管直接引入，这样不但避免了岛式的不利因素，又省去一些走道面积。靠外墙半岛式实验台的配管可通过水平管接到靠外墙立管或管道井内。靠内墙半岛式实验台的缺点是自然采光较差。为了在工作发生危险时易于疏散，实验台间的走道应全部通向走廊。

从以上分析可知，岛式实验台虽在使用上比半岛式实验台理想，但从总的方面看，半岛式在设计上比较有利。

（2）化学实验台的设计 化学实验台有两种：单面实验台（或称靠墙实验台）和双面实验台（包括岛式实验台和半岛式实验台）。在化验中双面实验台的应用比较广泛。

化学实验台的尺度一般有如下要求。

① 长度。化验人员所需用的实验台长度，由于实验性质的不同，其差别很大，一般根据实际需要进行选择合适的尺寸。

② 台面高度。一般选取 850mm 高。

③ 宽度。实验台的每面净宽一般考虑 650mm，最小不应少于 600mm，台上如有复杂的实验装置也可取 700mm，台面上药品架部分可考虑宽 200～300mm。一般双面实验台采用 1500mm，单面实验台为 650～850mm。

一个化学实验台主要由台面和台下的支座或器皿构成。为了实验的操作方便，在台上往往设有药品架、管线盒或洗涤池等装置。

① 管线通道、管线架与管线盒。实验台上的设施通常从地面以下或由管道井引入实验台中部的管线通道，然后再引出台面以供使用。管线通道的宽度通常为 300～400mm，靠墙实验台为 200mm。

② 药品架。药品架的宽度不宜过宽，一般能并列两个中型试剂瓶（500mL）为宜，通常的宽度为 200～300mm，靠墙药品架宜取 200mm。

③ 实验台下的器皿柜。实验台下空间通常设有器皿柜，既可放置实验用品，又可满足化验人员坐在实验台边进行记录的需要。

④ 实验台的排水设备。通常包括洗涤池、台面排水槽。

⑤ 台面。通常为木结构或钢筋混凝土结构。台面应比下面的器皿柜宽，台面四周可设有小凸缘，以防止台面冲洗时或台面上药液的外溢。常见的台面有如下几种。

a. 木台面。通常采用实心木台面，它具有外表感觉暖和、容易修复、玻璃器皿不易碰坏等优点。

b. 瓷砖台面。其底层应以钢筋混凝土结构为好。木结构台面上虽可铺贴瓷砖，但如果木材发生变形，就难以保证瓷砖的拼缝处不开裂。

c. 不锈钢面层。耐热、耐冲击性能良好，沾污物容易去除，适用于放射化学实验、有菌的生物化学实验和油料化验等。

d. 塑料台面。它具有耐酸、耐碱以及刚度好等优点。

⑥ 实验台的结构形式。实验台的结构形式很多，归纳起来可以分为两大类：一类是固定式实验台；另一类是组合式实验台。

a. 固定式实验台。岛式实验台，实验台的长度为 2.7m，宽度为 1.2m，高度为 0.85m。实验台与洗涤池之间设计管道壁，外用白色瓷砖贴面，把所有管道，如热水、冷水、煤气、压缩空气管、污水管等都设置在里面，使实验台上没有管子露出，便于实验台清洗及铺设聚氯乙烯薄膜。

b. 组合式实验台。木制组合式实验台由带台面的器皿柜、管线架和药品架 3 个构件组成。钢制组合式实验台由钢支架、器皿柜、台面和药品架 4 个构件组成，可以组合成岛式实验台、半岛式实验台和靠墙实验台 3 种形式，夹板组合式实验台由夹板支架、移动式器皿柜、药品架 3 个构件组成，可以组合成岛式实验台、半岛式实验台和靠墙实验台 3 种形式。

2. 基本化验室的通风系统

在化验过程中，经常会产生各种难闻的、有腐蚀性的、有毒的或易爆的气体。这些有害气体如不及时排出室外，就会造成室内空气污染，影响化验人员的健康与安全；影响仪器设备的精确度和使用寿命。

化验室的通风方式有两种，即局部排风和全室通风。局部排风是有害物质产生后立即就近排出，这种方式能以较少的风量排走大量的有害物，效果比较理想，所以在化验室中广泛地被采用。对于有些实验不能使用局部排风，或者局部排风满足不了要求时，应该采用全室通风。

（1）通风柜　是化验室中最常用的一种局部排风设备，种类繁多，由于其结构不同，使用的条件不同，其排风效果也各不相同。

① 通风柜的种类

a. 顶抽式通风柜。这种通风柜的特点是结构简单、制造方便，因此在过去使用的通风柜中是最常见的一种。

b. 狭缝式通风柜。狭缝式通风柜是在其顶部和后侧设有排风狭缝，后侧部分的狭缝，有的设置一条（在下部），有的设置两条（在中部和下部）。

c. 供气式通风柜。这种通风柜是把占总排风量 70％左右的空气送到操作口，或送到通风柜内，专供排风使用，其余 30％左右的空气由室内空气补充。供给的空气可根据实验要求来决定是否需要处理（如净化、加热等）。由于供气式通风柜排走室内空气很少，因此对于有空调系统的化验室或洁净化验室，采用这种通风柜是很理想的。

d. 自然通风式通风柜。这种通风柜是利用热压原理进行排风的，其排气效果主要取决于通风柜内与室外空气的温差、排风管的高度和系统的阻力等。为此，这种通风柜一般都用于加热的场合。

e. 活动式通风柜。其化验工作台、洗涤池、通风柜设备都可随时移动，不用时也可推入邻近的储藏室。

② 化验室内通风柜的平面布置。通风柜在化验室内的位置，对通风效果、室内的气流方向都有很大的影响，下面介绍几种通风柜的布置方案。

a. 靠墙布置。这是最为常用的一种布置方式。通风柜通常与管道井或走廊侧墙相接，这样可以减少排风管的长度，而且便于隐蔽管道，使室内整洁。

b. 嵌墙布置。两个相邻的房间内，通风柜可分别嵌在隔墙内，排风管道也可布置在墙内，这种布置方式有利于室内整洁。

c. 独立布置。在大型实验室内，可设置四面均可观看的通风柜。

此外，对于有空调的化验室或洁净室，通风柜宜布置在气流的下风向，这样既不干扰室内的气流组织，又有利于室内被污染的空气被排走。

③ 排风系统的划分。通风柜的排风系统可分为集中式和分散式两种。集中式排风系统是把一层楼面或几层楼面的通风柜组成一个系统，或者整个化验楼分成一两个系统。它的特点是通风机少，设备投资省。

分散式排风系统是把一个通风柜或同一化验室的几个通风柜组成一个排风系统。它的特点是可根据通风柜的工作需要来开关通风机，相互不受干扰，容易达到预定的效果，而且比集中式节省能源。缺点是通风机的数量多、系统多。

排风系统的通风机，一般都装在屋顶上或顶层的通风机房内，这样可不占用使用面积，而且使室内的排风管道处于负压状态，以免有害物质由于管道的腐蚀或损坏，或者由于管道不严密而渗入室内。此外，也有利于检修方便，易于消声或减振。

排风系统的有害物质排放高度，在一般情况下，如果附近50m以内没有较高建筑物，则排放高度应超过建筑物最高处2m以上。排风系统的管道安装如图3-3所示。

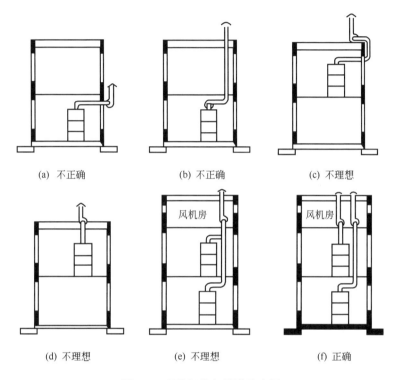

(a) 不正确　　　(b) 不正确　　　(c) 不理想

(d) 不理想　　　(e) 不理想　　　(f) 正确

图3-3　通风柜排气管道的布置

（2）排气罩　在化验室内，由于实验设备装置较大，或者化验操作上的要求无法在通风柜中进行，但又要排走实验过程中散发的有害物质时，可采用排气罩。化验室常用的排气罩，大致有围挡式排气罩、侧吸罩和伞形罩3种形式。

排气罩的布置应注意以下几点。

① 尽量靠近产生有害物的发源地。用同样的排风量，距离近的比距离远的排除有害物的效果好。

② 对于有害物不同的散发情况应采用不同的排气罩。如对于色谱仪，一般采用有围挡的排气罩；对于化验台面排风或槽口排风，可采用侧吸罩；对于加热槽，宜采用伞形罩。

③ 排气罩要便于实验操作和设备的维护检修。否则，尽管排气罩设计效果很好，但由于影响化验操作，或者维护检修麻烦，还是不会受到使用者的欢迎，甚至被拆除不用。

（3）全室通风　化验室及有关辅助化验室（如药品库、暗室及储藏室等），由于经常散发有害物，需要及时排除。当化验室内设有通风柜时，因为通风柜的排风量较大，往往超过室内换气要求，可不再设置通风设备。当室内不设通风柜而且又须排除有害物时，应进行全室通风。全室通风的方式有自然通风和机械通风。

①　自然通风。主要是利用室内外的温度差，把室内有害气体排至室外。当依靠门窗让空气任意流动时，称为无组织自然通风；当依靠一定的进风口和出风竖井，让空气按所要求的方向流动时，称为有组织的自然通风。

②　机械通风。当使用自然通风满足不了室内换气要求时，应采用机械通风。尤其是危险品库、药品库等，尽管有了自然通风，为了防止事故进行通风，也必须采用机械通风。

知识拓展

某新建实验室通风系统改造案例

1. 某公司所在地区气象条件

(1) 气温

多年平均气温：21.9℃，极端最高气温：37.5℃，极端最低气温：1.1℃，最热月平均气温（7月）：28.3℃，最冷月平均气温（1月）：13.5℃。

(2) 降水

本地区降雨充沛，多集中于夏季，其中6～9月四个月的雨量占全年雨量的66.7%，年平均降水量2227.3mm，年最大降水量2962mm，年最小降水量1426mm，日最大降雨量360mm，一小时最大降雨量85mm，年均大于25mm降水日为26d。

(3) 雾况

能见度小于1000m的雾日多年平均为20.2天，年最多雾日为32天，1月～3月雾日最多，最长连续雾日为5天。

(4) 湿度

本地区多年平均相对湿度为82%，多年最小相对湿度为22%，多年最高相对湿度为100%。

2. 某公司实验室建筑特点和通风系统概况

(1) 化验室建筑特点

某公司新建实验室为两层，建筑面积6000m²，整体呈长方形，中间是长方形天井，成"回"形结构（如图3-4粗线部分所示），靠天井的建筑内侧为走廊（如图3-4阴影部分所示），外侧为分析间。建筑内外侧窗户均为可移动开关的窗户，分析间和走廊之间的窗户为封闭式，分析间门为自动闭合式。建筑共有四个人工闭合玻璃大门（如图3-4粗虚线表示）和外界大气相通。

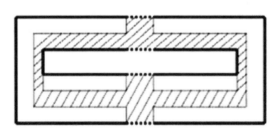

图3-4　某实验室平面示意图

(2) 通风系统概况

分析间内通风由送新风机组、通风柜、门窗漏风三部分组成。室外空气经过新风机组降温除湿后送进各房间，总送风量为70000m³/h；通风柜共有79台，其排气量由能够感知压力的双稳态文丘里阀控制，同时使用系数为 50%，总排风量为 $86700\mathrm{m}^3/\mathrm{h}$；分析间门窗漏风的主要来源是走廊空气。分析间内空气通过吊顶的风机盘管循环，风机盘管改变气体温度，用以控制室内温度；走廊没有送新风和制冷制热设施，走廊尽头四个人工闭合大门不能起到隔绝走廊气体和外界大气的作用。

3. 运行过程中出现的问题及原因分析

（1）出现的问题

房间出现吊顶和墙壁结露问题：在实际运行中，为保证分析间在试验时飘散的各种有害气体能及时排出室外并不飘至走廊，通风柜连续向外抽风，抽风量大于送新风量，以确保分析间为微负压（设计为 $-5\mathrm{Pa}\sim-10\mathrm{Pa}$）。由于设计的排风量大于送入的新风量，出现了外界大量湿热空气通过走廊上的门窗进入走廊及房间，由于室内温度比外界低，湿热空气进入室内后冷却，在房间和走廊之间的窗户玻璃上向下流水，房间墙壁及吊顶结露严重，部分房间出现严重的墙面发霉、滴水穿透吊顶石膏板的情况，仪器设备运行环境很不稳定。

排风问题：在样品转移过程中挥发出来的气体不能有效排出房间。分析间的抽风主要是通过通风橱实现的，通风橱台面离地面 $80\mathrm{cm}$，在吊顶没有抽风措施，室内实际上是局部排风。于是在分析间转移样品（主要是液体样品和气体样品）的过程中，由于样品挥发、滴漏等出现的气体在房间内难以有效的排出室外，在室内富集，出现异味。

（2）原因分析

分析间是一个人员流动性相对较大的场所，分析人员取样、转移样品等进进出出，自动闭合门起不到应有的作用，处在常开的状态，实际上和建筑内走廊处在相通的状态。而走廊和外界大气紧紧隔了人工闭合的玻璃门及不密闭的窗户，间接上相当于分析间和外界大气直接相通，大量湿热空气得以通过走廊没有处理直接进入分析间后冷却，形成结露。

化验间房顶没有排气设施，在室内味道较重时，员工不得已开门开窗，使通过门窗的补风量大大增加，而分析间门（主要来自走廊）窗（直接来自外界大气）的补风为没有经过处理的自然风，湿度较高，进入房间后冷却，形成结露。

房间控温主要靠吊顶的风机盘管，盘管冷却水为制冷站送过来的冷水（水温控制在 $7\sim12\mathrm{℃}$），由于室内补风中湿热的自然风较多，水汽在风机盘管及其附近凝结，形成大量水滴，滴在吊顶石膏板上。

房间送新风在送入各个房间之前是经过冷却的，在一定程度上降低气体湿度，但没有经过干燥处理，相比室内空气所要求的湿度来说，依然较大。

走廊没有新风和制冷措施，和外界压力相等，没有起到隔绝分析间和外界大气的作用。

设计时通风橱的同时使用系数仅为 50%，而实际上实验室的试验工作几乎是同时进行的，只有当通风橱的同时使用系数仅为接近 100%，新风送风量远远小于排风量。

4. 解决思路

①在化验室的四个大门处增加二道门（电动玻璃门），在大门打开的同时，二道门起到缓冲建筑内外空气对流的作用。②在走廊增加制冷干燥设施，使送入走道内的新风降温并干燥，并且送风量应保证过道内为微正压，一方面起到隔绝外部湿热空气不通过门窗进入走道，另一方面保证给分析间内的补风为冷却干燥的空气。③加强建筑内外侧门窗的密封性，控制通过门窗的漏风量，并且尽量养成良好习惯，进出分析间随手关门。④分析间内应有屋顶排风，让分析间内的有害气体不能在屋顶富集，也可以避免分析员因室内气体难闻而开门开窗，尤其是外侧的窗户，导致分析间补风无法控制。⑤根据具体实验内容，有针对性的增加某些通风橱内的抽风量，保证通风橱内进行的实验不会有气味逸出。

想一想

　　有一个新建的化学分析实验室，由你负责对该实验室的基础设施设计，其设计方案应该包括哪些方面内容？

做一做

　　根据上述设计方案，绘制出化学分析实验室平面效果图。

二、精密仪器室的基础设施建设

　　精密仪器室主要设置有各种现代化的精度仪器。这类化验室由于仪器设备的性能和型号不同，故进行设计时应满足仪器设备说明书提出的要求。

　　精密仪器室通常可与基本化验室一样沿外墙布置，并可将它们集中在某一区域内，这样有利于各化验室之间的联系，并可统一考虑如空调、防护等方面的布置。

　　化验室设计时，都应考虑仪器设备对温度、湿度、防尘、防振和噪声等的要求。

1. 天平室

　　（1）天平室的设计　天平是化验室必备的常用仪器。高精度天平对环境有一定要求：防振、防尘、防风、防阳光直射、防腐蚀性气体侵蚀以及较恒定的气温，因而通常将天平设置在专用的天平室里，以满足这些要求。

　　天平室应靠近基本化验室，以方便使用，如基本化验室为多层建筑，应每层都设有天平室。天平室以北向为宜，还应远离振源，并不应与高温室和有较强电磁干扰的化验室相邻。高精度微量天平应安装在底层。

　　天平室应采用双层窗，以利于隔热防尘，高精度微量天平室应考虑有空调，但风速应小。天平室内一般不设置洗涤池或有任何管道穿过室内，以免管道渗漏、结露或在管道检修时影响天平的使用和维护。天平室内尽量不要放置不必要的设备，以减少积灰。天平室应有一般照明和天平台上的局部照明。局部照明可设在墙上或防尘罩内。

　　（2）天平台的设计　化验室里常用的天平大都为台式。一般精度天平可以设在稳固的木台上；半微量天平可设在稳定的不固定的防振工作台上，亦可设在固定的防振工作台上；高精度天平的天平台对防振的要求较高。

　　在设计天平室时虽然已经考虑了尽量使其远离振源，并对可能产生的振源采取了积极的隔振措施，但是环境的振动影响或多或少是存在的，如人的走动、门的开关等，故天平台必须有一定的防振措施。

　　单面天平台的宽度一般采用600mm，高度一般采用850mm，天平台的长度可按每台天平占800~1200mm考虑。天平台可由台面、台座、台基等多个部分组成，有时在台面上还附加抗振座。

　　一般精密天平可采用50~60mm厚的混凝土台板，台面与台座（支座）间设置隔振材料，如隔振材料采用50mm厚的硬橡皮。高精度天平的部分台面可以考虑与台面的其余部分脱离，以消除台面上可能产生的振动对天平的影响，这样，天平的台座相对独立，台座与台面间设置减振器或隔振材料。减振器的选用应根据天平与台面的质量通过计算确定。

天平台建成后，经试用或测试尚不能完全符合化验要求时，可在台上附加减振座，也可采用特别的弹簧减振盒。

2. 高温室

高温炉与恒温箱是化验室的必备设备，一般设在工作台上，特大型的恒温箱则需落地设置。高温炉与恒温箱的工作台分开较好，因恒温箱大都较高大，工作台应稍低，可取700mm高，而高温炉可采用通常的850mm高的工作台。另外，恒温箱的型号较多，工作台的宽度应根据设备尺寸确定，通常取800～1000mm宽；而高温炉的尺度一般较小，可取600～700mm宽。

3. 低温室

低温室墙面、顶部、地面都应采取隔热措施，室内可设置冷冻设备。房间温度如保持在4℃，则人可在里面进行短时间的工作，如温度很低（－20℃）时，则这种房间仅适宜于储藏。

4. 防火室

防火室有两个主要用途。

① 凡连续长时间（超过12h）使用燃烧炉或恒温箱的实验工作都应在防火室内进行，以防自动控制仪出毛病，导致恒温箱爆炸、火灾等情况的发生。

② 凡大量使用易燃液体或溶剂如乙醚等的实验，以及连续长时间的蒸馏工作，也应在防火室内进行。

防火室除了首先应满足实验的工艺要求外，与其他化验室房间的不同之处在于房间的结构考虑了防火。如采用实体楼板与顶棚；房间应靠外墙，所有隔墙应通到顶部结构层，并由砖或混凝土预制块砌筑，设置能自闭的防火门；房间要有第二安全出口；根据实验内容，应考虑烟、热检测装置及自动灭火装置；通风柜及其排风道应由耐火材料制成，而且风机在火警发生时能自动断路。房间里如有冷冻设备，应采用不产生火花的类型。高压电泳作业使用大量易燃液体时，应遵守防火规定中有关使用易燃液体的规定。

5. 离心机室

大型离心机会产生热量，同时也产生一定程度的噪声，它们不宜直接安装在一般的化验室里，常采取将化验室里较大的离心机集中在单独的房间里。墙上根据离心机的数量按一定间距设置电源插座。室内应有机械通风，以排除离心机产生的热量。墙与门要有隔声措施。门的净宽应考虑到离心机的尺度。室内可按需要设有工作台及洗涤池等设备。

6. 滴定室

滴定室是专门进行滴定操作的化验室，室内有专用的滴定台，台长可按每种滴定液0.5m计算，例如工厂的中心化验室的滴定液大都在10种以上，那么滴定室内就会有5m以上的滴定台。

三、辅助室的建筑设计

辅助室直接为基本化验室与精密仪器化验室服务。它主要包括以下各室。

1. 中心（器皿）洗涤室

这是作为化验室里集中洗涤化验用品的房间。房间的尺度应根据日常工作量决定，但一般不应小于一个单间（如24m²）。洗涤室的位置应靠近基本化验室，室内通常设有洗涤台，其水池上有冷热水龙头，以及干燥炉、干燥箱和干燥架等。如采用自动化洗涤机，则应考虑在其周围留有足够空间，以便检修和装卸器皿。工作台面需耐热、耐酸。房间应有良好的排风设备。

2. 中心准备室与溶液配制室

中心准备室一般设有实验台，台上有管线设施、洗涤池和储藏空间。溶液配制室用来配制标准溶液和各种不同浓度的溶液。

溶液配制室一般可由两个房间组成。其中一间放置天平台，天平可按两人一台考虑。另一间作存放试剂和配制试剂之用，室内应有通风柜、滴定台、辅助工作台、写字台、物品柜等。

3. 普通储藏室

普通储藏室是指供某一层或化验室专用的一般储藏室，不作为供有特殊毒性或易燃性化学品或大型仪器设备储藏的房间。室内可按实际需要设置 $300\sim600\mathrm{mm}$ 宽的柜子，要求有良好通风，避免阳光直射，应干燥、清洁。

4. 试样制备室

待分析测试的坚实试样如岩石、煤块等必须先进行粉碎、切片、研磨等处理，其所用设备既产生振动，又产生噪声，应采取防振与隔声措施。

5. 放射性物品储藏室

有些化验楼中设置有放射性化验室，故同位素等放射性物质大都应放在衬铅的容器里存放，并放置在专门的储藏室里，同时放射性废物也必须保存在单独的储藏室里进行处理。

6. 危险药品储藏室

带有危险性的物品，通常储存在主体建筑物以外的独立小建筑物内。这种储藏室的入口应方便运输车辆的出入，门口最好与车辆尾部同高，这样室内地面也就与车辆尾部同高。此外，要另设坡道通到一般道路平面，以便化验室人员平时用手推车来取货。

储藏室应结构坚固，有防火门，保证常年保持良好通风，屋面能防爆，有足够的泄压面积，所有柜子均应由防火材料制作，设计时应参照有关消防安全规定。

7. 蒸馏水制备室

化验室中溶液的配制、器皿的洗涤都要用蒸馏水，蒸馏水可在专门的设备中制取。蒸馏水室的面积一般为 1 间 $24\mathrm{m}^2$ 左右，可设在顶层，由管道送往各化验室，也可按层设立小蒸馏水室，也可采用小型蒸馏水设备直接设在化验室里面。

四、化验室的工程管网布置与公用设施

1. 化验室的工程管网布置

① 在满足化验要求的前提下，应尽量使各种管道的线路最短，弯头最少，以利于节约材料和减少阻力损失。

② 各种管道应按一定的间距和次序排列，以符合安全要求。

③ 管道应便于施工、安装、检修、改装。

2. 工程管网的布置方式

各种管网都由总管、干管和支管 3 部分组成。总管是指从室外管网到化验室内的一段管道；干管是指从总管分送到各单元的侧面管道；支管是指从干管连接到化验台和化验设备的一段管道。各种管道一般总是以水平和垂直两种方式布置。

（1）干管与总管的布置

① 干管垂直布置。指总管水平铺设，由总管分出的干管都是垂直布置。水平总管可铺设在建筑物的底层，也可铺设在建筑物的顶层。对于高层建筑物，水平总管不仅铺设在底层

或顶层，有的还铺设在中间的技术层内。

② 干管水平布置。指总管垂直铺设，在各层由总管分出水平干管。通常把垂直总管设置在建筑物的一端，水平干管由一端通到另一端。

（2）支管的布置

① 沿墙布置。无论干管是垂直布置还是水平布置，如果化验台的一面靠墙，那么，从干管引出的支管可沿墙铺设到化验台。

② 沿楼板布置。如果化验台采用岛式布置，由干管到化验台的支管一般都沿楼板下面铺设，有的支管穿过楼板，向上连到化验台。化验室管道系统布置如图 3-5 所示。

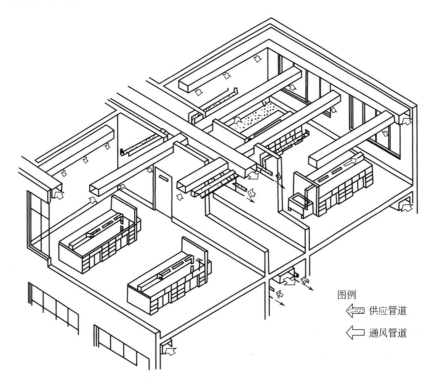

图例

⇐ 供应管道

⇐ 通风管道

图 3-5　化验室管道系统布置

3. 采暖

有的地区由于冬季气温较低，化验室必须加装暖气系统以维持适当的室温。但无论是电热还是蒸汽，均应注意合理布置，避免局部过热。

天平室、精密仪器室和计算机房不宜直接加温，可以通过由其他房间的暖气自然扩散的方法采暖。

4. 空调

对精度要求较高的化验室，尤其是精密计量、化验仪器或其他精密化验器械及电子计算机，它们对化验室的温度、湿度有较高的要求，这时需要考虑安装"空调"装置，进行空气调节。空调布置一般有 3 种方式。

（1）单独空调　在个别有特殊需要的化验室安装窗式空调机，空气调节效果好，可以随意调节，能耗较少，但噪声较大。

（2）部分空调　部分需要空调的化验室，在进行设计的时候把它们集中布置，然后安装适当功率的大型空调机，进行局部的"集中空调"，实现既可部分空调又可降低噪声的目的。

（3）中央空调　当全部化验室都需要空调的时候，可以建立全部集中空调系统，即"中央空调"。集中空调可以使各个化验室处于同一温度，有利于提高检验及测量精度，而且集中空调的运行噪声极低，可以保持化验室环境安静。缺点是能量消耗较大，且不一定能满足个别要求较高的特殊化验室的需要。

5. 化验室供电系统

化验室的多数仪器设备在一般情况下是间歇工作的，也就是说是多属于间歇用电设备，但实验一旦开始便不宜频繁断电，否则可能使化验中断，影响化验的精确度，甚至导致试样损失、仪器装置破坏以致无法完成实验。因此，化验室的供电线路宜直接由总配电室引出，并避免与大功率用电设备共线，以减少线路电压波动。

化验室供电系统设计的时候，要注意下列 8 个方面。

（1）化验室的供电线路应给出较大宽余量　输电线路应采用较小的载流量，并预留一定的备用容量（通常可按预计用电量增加 30％左右）。

（2）各个化验室均应配备三相和单相供电线路，以满足不同用电器的需要。

（3）每个化验室均应设置电源总开关，以方便控制各化验室的供电线路。（对于某些必须长期运行的用电设备，如冰箱、冷柜、老化试验箱等，则应专线供电而不应受各室总开关控制。）

（4）化验室供电线路应有良好的安全保障系统　化验室供电线路应配备安全接地系统，总线路及各化验室的总开关上均应安装漏电保护开关，所有线路均应符合供电安装规范，确保用电安全。

（5）要有稳定的供电电压　在线路电压不够稳定的时候，可以通过交流稳压器向精密仪器化验室输送电能，对特别要求的用电器，可以在用电器前再加二级稳压装置，以确保仪器稳定工作。

（6）避免外电线路电场干扰　必要时可以加装滤波设备排除。

（7）配备足够的供电电源插座　为保证实验仪器设备的用电需要，应在化验室的四周墙壁、化验台旁的适当位置配备必要的三相和单相电源插座。

（8）化验室室内供电线路应采用护套（管）暗敷。

在使用易燃易爆物品较多的化验室，还要注意供电线路和用电器运行中可能引发的危险，并根据实际需要配置必要的附加安全设施（如防爆开关、防爆灯具及其他防爆安全电器等）。

6. 化验室的给水和排水系统

（1）化验室的给水　在保证水质、水量和供水压力的前提下，从室外的供水管网引入进水，并输送到各个用水设备、配水龙头和消防设施，以满足化验、日常生活和消防用水的需要。

① 直接供水。在外界管网供水压力及水量能够满足使用要求的时候，一般是采用直接供水方式，这是最简单、最节约的供水方法。

② 高位水箱供水。属于"间接供水"，当外部供水管网系统压力不能满足要求或者供水压力不稳定的时候，各种用水设施将不能正常工作，此时就要考虑采用"高位储水槽（罐）"即常见的水塔或楼顶水箱等进行储水，再利用输水管道送往用水设施。

③ 混合供水。通常的做法是对较高楼层采用高位水箱间接供水，而对低楼层采用直接供水，这样可以降低供水成本。

④ 加压泵供水。由于"高位水箱"供水普遍存在"二次污染"问题，对于高层楼房使用"加压供水"已经逐渐普及。此法也可用于化验室，但在单独设置时运行费用较高。

（2）化验室的排水　由于实验的不同要求，化验室需要在不同的实验位置安装排水设施。

① 排水管道应尽可能少拐弯，并具有一定的倾斜度，以利于废水排放。

② 当排放的废水中含有较多的杂物时，管道的拐弯处应预留"清理孔"，以备必要之需。

③ 排水干管应尽量靠近排水量最大、杂质较多的排水点设置。

④ 注意排水管道的腐蚀，最好采用耐腐蚀的塑料管道。

⑤ 为避免化验室废水污染环境，应在化验室排水总管设置废水处理装置，对可能影响环境的废水进行必要的处理。

知识拓展

中心化验室布局案例

1. 某炼油项目中心化验室布局改造案例

某炼油工程中心化验楼建设时间较早，分析房间主要为走道式小房间布局，层数为三层（局部四层为风机房），以其三层平面图（见图 3-6）为例。化验间以独立的小房间为主，开间和进深都较小，由于每个房间内需设通风管道井，尤其三层的房间内管道井较多，占用面积较大，原本房间较小的情况下更显拥挤，影响平面的自由布置。此外，三层建筑未设置电梯，给上部楼层上下搬动样品造成很大的负担。在改造中尝试将端头的气相色谱室设为大房间，相对于小房间其布置有较大的灵活性，大大方便了化验人员的操作，为大空间化验室设计做了有益的尝试。

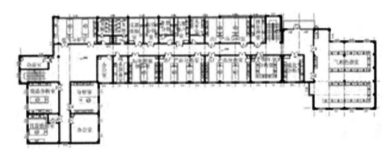

图 3-6　某炼油项目中心化验室三层平面布置示意

2. 某项目中心化验室二层平台布局案例

近几年，化验室的操作方式有了较大的转变，化验室内工作定员有了大幅降低，1 个化验人员往往需要负责观测多个化验台的进展情况，因此许多化验室设计采用了大空间化验室的布局方式，取得了较好的使用效果。

某含硫原油加工适应性改造及油品质量升级工程中心化验室，详细设计建筑面积 $5000m^2$，采用内走道双侧布局，南侧主要为大房间，采用 2 个 6.6m 进深，北侧为小房间，进深为 7.2m，如图 3-7 所示，南侧集中规划的大空间极大的满足了化验专业的使用需求，二层和三层房间内虽有管道井，但由于每个化验房间的空间很大，且管道可集中布置，对使用人员的影响可基本忽略。项目将油品洗涤、油品样品间有重油污染的房间独立于主体建筑之外，通过连廊联系起来，有效地改善了主楼的空气环境。设置电梯供搬运样品使用，减少了化验人员的负担。

在用地条件允许的情况下将化验空间与办公部分完全分离，在本案例基础设计阶段方案，化验室部分为二层结构，以 2 个大空间化验室为主要组成部分，辅助办公用房为三层，化验区域与辅助用房是完全分离的，这种分离的布局方式可最大程度避免化验人员受到有毒气体的伤害，化验房间的集中布置达到最大化，便于管理和使用，在可能的情况下使用可达到较好的使用效果。但此方案最终由于用地条件的变更未得实现，详细设计阶段用地条件紧张，方案不得不变更为利用率更高的一字型，如图3-8所示。

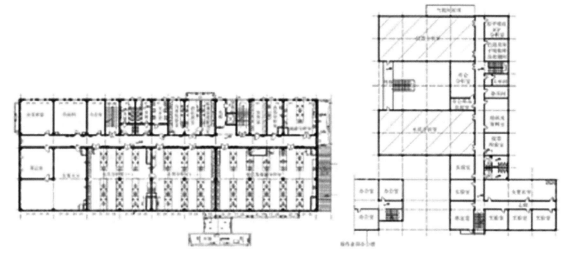

图 3-7　某项目中心化验室二层平台布置示意　　　　图 3-8　某项目中心化验室二层平面布置示意

 阅读材料

实验台简介

1. 岛式固定式实验台

这是最早的实验台，具有台面空间大、适应性广的优点。但不便组合成其他形式，灵活性差。

2. 组合式实验台

这种实验台实质上是由带有实验台面板的器皿柜、管道架和药物架拼合组成的，因而可以方便灵活地组合成各种尺寸要求的岛式、半岛式或靠墙式的实验台。

3. 带算式排气口的实验台

这种实验台在操作位置上安装了排气用的算式排气口，特别适用于产生不良气体的化验室。

这三种实验台的结构形式如图3-9～图3-11所示。

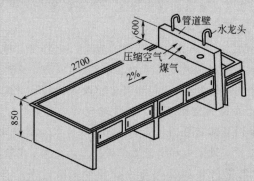

图 3-9　岛式固定式实验台（单位：mm）

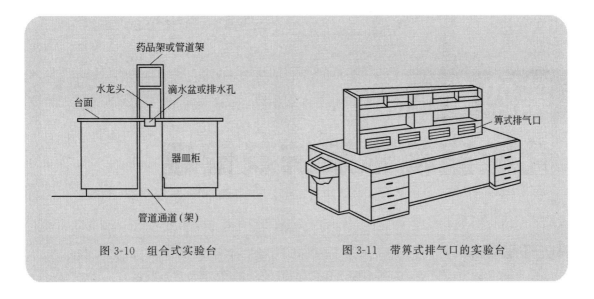

图 3-10　组合式实验台　　　　　图 3-11　带算式排气口的实验台

思考与练习题

一、填空题

1. 进行化验室建筑设计的主要内容有（　　）、（　　）、（　　）。

2. 化验室建筑设计分为（　　）、（　　）、（　　）、（　　）4 个过程。

3. 设计化验室时，对其建筑方面有（　　）、（　　）、（　　）、（　　）、（　　）、（　　）、（　　）、（　　）、（　　）、（　　）等要求。

4. 化验室对环境有特殊要求，一般应免受（　　）、（　　）、（　　）、（　　）、（　　）、（　　）、（　　）等的侵蚀，才能保证化验室工作的顺利进行。

5. 化验室的走廊分为（　　）、（　　）、（　　）、（　　）走廊。

6. 化验室的振动一般指（　　），分为（　　）和（　　）振源，允许振动指（　　）。

7. 各种工程管网都由（　　）、（　　）、（　　）3 部分组成。

8. 化验室供水的方式有（　　）、（　　）、（　　）、（　　）4 种。

9. 实验台的设计方式有（　　）、（　　）两种。

10. "进深"取决于实验台的（　　）和（　　），常用的进深模数为（　　）、（　　）、（　　）、（　　）。

二、问答题

1. 建造化验室的一般过程是什么？

2. 化验室建筑设计有几个过程？具体要求是什么？

3. 化验室防振的主要途径是什么？常用哪些方法？

4. 化验室通风有几种方式？设计时要注意什么问题？

5. 化验室仪器设备对电源有什么要求？为什么？

第四章
化验室检验系统及管理

第一节 化验室检验系统的基本要素

化验室检验系统的基本要素是由化验室检验系统的构成要素和化验室检验系统的构建两个方面组成的。

一、化验室检验系统的构成要素

化验室检验系统是整个化验室组织系统的重要组成部分，是根据不同的检验项目，集合相应的检验技术条件，构成一个与检验的性质、任务和要求相符合的检验技术环境，由检验系统中的各类人员有组织地进行检验的技术和管理工作，从而完成其系统的目标和任务。检验系统实际上是化验室组织系统的子系统，它的构成要素包括系统的人力资源、仪器设备与材料、化验室管理信息和文件资料。

当检验系统的各基本要素都达到预先设计的要求时，通过系统内人员的管理和分析检验工作，就可以了解产品在整个生产中的形成过程，获得产品质量及其变化情况和影响因素等多种信息。为生产工艺过程的控制、保证产品的最终质量提供科学和有效的依据。这是化验室的主要职能，是检验系统的目标和任务。

二、化验室检验系统的构建

化验室检验系统的构建应主要根据化验室所要进行的分析检验项目，选择或建立相应的分析检验方法或分析检验操作规程，确定所需要的仪器设备、化学试剂和其他一些必需的材料，最后确定需要的人力资源。

这里所说的检验项目，可以包含生产所用的原材料和辅助材料的检验项目；为控制生产工艺过程而进行的半成品检验项目；产品分析检验项目；技术改造或新产品试验等科学研究工作所需进行的检验项目。分析检验方法或分析检验操作规程可能属于国际认证标准、国家标准、行业标准等，主要属于化验室的技术资料范畴。仪器设备包括计量和检测的一般仪器设备、大型精密仪器设备及化验室的计算机系统。化验室检验系统人力资源，主要包括多专业各层次的技术人员、少数的管理人员和其他的辅助人员。

构建化验室检验系统时，应充分注意系统各基本要素的有机匹配，在选择或建立相应的分析检验方法或分析检验操作规程时，以满足生产工艺指标或原辅材料及产品执行标准的要求为准；在选用检验仪器设备时也是如此，不要盲目地追求高新仪器设备；人力资源应从专业结构、技术职务结构和年龄结构等方面进行合理的配置；发挥化验室检验系统功能的同时，使化验室检验系统的运行成本较低。

第二节　化验室检验系统人力资源的构建与管理

人力资源是化验室检验系统重要和最活跃的要素。人力资源管理是 21 世纪管理学的核心，特别是中国管理学的核心。所以现代管理学非常强调对人力资源的管理。要进行人力资源的管理，首先应对人力资源的含义、特点有一些基本的了解。

人力资源也称劳动力资源、劳动资源、人类资源，是存在于人体中的经济资源，用以反映一个国家或地区或单位劳动者所具有的劳动能力。人力资源具有物质性、可用性和有限性。所谓物质性是指人的劳动能力以体力和智力的形式存在于人体之中，依赖于人体而存在；可用性是指作为生产要素投入的劳动力，会产生作为生产成果的更多的社会财富；有限性是指劳动力具有质和量的规定性，只能在一定的条件下形成、以一定的规模利用。人力资源和其他经济资源具有同样的性质，因此也服从同样的经济运行规律。这就是人力资源的概括含义。

人力资源的特点体现在它的能动性、再生性和相对性上。劳动能力被看成经济资源，存在于作为生产主体的劳动者身上，依劳动者主观的意志而发挥，所以具有能动性；人的劳动能力是在社会再生产过程中不断地被使用，同时又不断地得到再生，所以具有再生性；相对性是指人的一生中只能在相对的时间段即青壮年阶段进入人力资源范畴。人力资源的特点集中表现在总人口以部分人口的劳动能力为经济资源，通过劳动来实现自身的生存发展。

人力与物力的不同结合方式是资源要素的不同配置方式，研究配置现状和规律，寻找人力资源利用的有效途径，是管理学不断追求的目标。在化验室检验系统人力资源的构建中，根据系统的目标和任务，把握好人力资源的组成和结构；遵循效率原则，科学合理地设置人员编制和结构；力求减少管理层次，精简管理人员，并随承担的任务变化而变动，以保证整体工作效率。在化验室检验系统人力资源管理中，要抓住"人"这个关键，确定人是决定因素、事在人为、以人为本、促进化验室检验系统员工全面发展的观念；建立激励机制，在适当的时候把合适的人员安排在合适的位置上，以最大限度地提高效益为准则，充分调动各类人员的积极性；高度重视员工培训，建立高素质的人才队伍；创造人人参与管理的氛围。

一、化验室检验系统人力资源的构建

1. 化验室检验系统人力资源的组成

检验系统中的各类人员在相应组织机构和管理人员的组织领导下，进行分析检验的技术和管理工作，完成其系统的目标和任务。检验系统的运作主要包括分析检验具体技术工作、研究性工作、管理工作和其他辅助性工作。所以，化验室检验系统人力资源的组成主要是从事检验工作的技术人员和研究人员；检验系统的管理人员；其他的辅助人员等。

2. 化验室检验系统人力资源的结构

（1）专业（学科）结构　随着科学技术的发展和企业的技术进步，化验室分析检验系统的分析检验技术和技术装备也在不断地更新和发展。现代化验室分析检验系统的任务已不仅仅局限于确定试样中"有什么"和"有多少"，还将通过捕捉、识别和研究试样中原子、分子的种类、数量、结构以及结合状态等各种信息，为工农业生产和科学研究提供服务。特别是随着化学计量学和过程分析化学的发展，出现了大量学科间的相互交叉和渗透。何为化学计量学和过程分析化学？化学计量学是应用数学与统计学方法，以计算机为工具，设计或选择最优的分析检验方法和最佳的测试条件，并通过解析有限的分析检验数据，获取最大强度的化学信息的学科；而过程分析化学则是以化学计量学为基础，通过化学、化学工程、电子工程、工艺工程和计算机自动控制等多学科相互交叉和渗透所组成，它集各种现代分析仪器，实现现场工艺流程质量控制的分析检验，摆脱了传统的离线分析检验。由此可见，化验室检验系统人力资源应包含多个专业（学科）的人员，且必须按其承担的任务和检验系统技术装备的水平，构成合理的专业（学科）比例。

（2）技术职务（等级）结构　是表示化验室检验系统人力资源中具有高级、中级和初级技术职务（技能等级）人员的比例。根据实验室管理学的能级原理，一个化验室检验系统中人员的职务（技能等级）比例，应保证结构的稳定性和有效性，所以，要依据化验室检验系统的目标和任务、规模和技术装备状况，确定高级、中级和初级技术职务（技能等级）人员的比例，形成一个完整的结构，并随着科学技术的发展和化验室检验系统目标任务、规模及技术装备状况的变化，不断地进行调整，使系统中的人力资源各尽其职、各显所能、相互配合，构成一个动态平衡的有机集合体。

（3）年龄结构　是表示化验室检验系统人力资源中老年、中年和青年的比例。应构成一个合理的比例梯队，并处于不断发展的动态平衡之中，即有计划地安排大龄人员退出人力资源范畴，配备和培养青年接班，以保证化验室检验系统工作的延续性。一个检验系统的人力资源有了合理的年龄结构，就能按照人的心理特征与智力水平发挥其各自的最优效能。

二、化验室检验系统人力资源管理的内容

人力资源管理是指对人力资源的取得、开发、保持和利用等方面所进行的计划、组织、

指挥、控制和协调的活动。即通过不断地获取人力资源，把得到的人力资源整合到化验室检验系统中，保持、激励、培养他们对组织的忠诚、积极并提高绩效。由于人力资源管理者面对的直接管理对象是最重要、最复杂和最活跃的人，显然不同于设备管理、技术管理等其他相关的管理工作者。因此，作为化验室的负责人，需要具备人力资源管理的素质和能力，知道人力资源管理的常规内容，学会人力资源管理的基本方法。化验室检验系统人力资源管理的内容重点是要求各类人员的结构合理、岗位职责明确，建立完整有效的激励竞争机制和流动机制，增强各类人员的竞争意识和竞争能力，充分调动其工作积极性、主动性和创造性，使化验室检验系统人力资源素质得到不断的提高。

1. 定编、定岗位职责、定结构比例

（1）定编　应遵循效率原则并根据化验室检验系统的实际工作岗位、目标及任务、化验室的发展和技术进步等确定各专业（学科）、技术职务（技能等级）、年龄阶段人员的编制，且注意固定编制与流动编制相结合、各类人员数量和结构的合理性。

（2）定岗位职责　这里的岗位职责指的是化验室检验系统中从事管理和检验工作个人岗位职责，也就是具体工作岗位要执行的工作任务。注意根据工作的性质，采取定岗不定人，使之与流动编制相适应。定岗位职责是实行岗位责任制的基础，是人力资源管理科学化的重要措施，是检查和考核岗位人员工作质量、工作效率的主要依据。

（3）定结构比例　在定编和定岗位职责的基础上，确定高级、中级和初级技术职务（技能等级）人员的合理结构比例，明确岗位分类职责，根据职务（技能等级）余缺情况，进行人员流动和逐年考核晋级，逐步到位。

2. 岗位培训

为了提高履行化验室检验系统岗位职责的实际能力，应围绕分析检验的技术要求和管理业务，组织相应的培训，以提高化验室检验系统人员的整体素质。岗位培训中，应根据化验室检验系统的现状和发展对人员素质的要求，提出培训计划和实施意见；制定岗位培训的有关政策、规章、制度以及主要岗位的规范化指导性意见；分级建立岗位培训考核机构，对培训人员进行考核。对培训的考核结果，应记入个人技术档案，作为聘任和晋级的依据。

3. 考核晋级

（1）考核内容　按工作的性质和技术职务（技能等级）的特点，以岗位职责为依据，对化验室检验系统各类人员的思想素质、工作态度、业务能力、工作业绩等方面进行考核。

（2）考核标准　制定规范性的考核指标，将履行岗位职责、完成工作数量与质量以及取得的业绩统一评价。

（3）考核方法　组织考核与群众评议相结合，定性总结评比与定量（完成工作量）相结合。一般每年进行一次，先由个人总结，填写考核登记表，然后由化验室主任组织本室人员进行评议，写出考核评语，报上一级考评组织，经审核后存入档案备查。

4. 职务（技能等级）评聘

职务（技能等级）评聘是指职务（技能等级）资格评定和职务（技能等级）聘用。

（1）职务（技能等级）资格评定　职务（技能等级）资格的评定分为工程技术系列和职业（岗位）技能系列。工程技术系列职务资格评定由本人申请，化验室主任组织有关人员评议，决定是否向上一级组织推荐，最终由专门的评定机构进行评定；职业（岗位）技能系列技能等级的评定，则是由劳动部门设置的职业技能鉴定中心（站）进行培训、鉴定和颁证。

（2）职务（技能等级）聘用　根据设置的工作岗位、岗位职责和工作目标及任务，来决定聘用高级、中级和初级职务（技能等级）的人员。

在化验室检验系统的人力资源中，主要是一线的分析检验人员，因此，职务（技能等级）评聘，应以评聘职业（岗位）技能系列为主，根据实际岗位需要评聘一部分工程技术系列职务。

三、化验室检验系统人力资源管理的方法

1. 加强思想政治教育工作

主要可开展以下几方面的教育。

（1）与时俱进教育　促进化验室检验系统各类人员的整体素质跟上时代发展的步伐。

（2）公民道德教育　促进化验室检验系统各类人员的道德水准整体得到不断提高。

（3）职业道德教育　使化验室检验系统各类人员增强事业心和责任感，把好产品的质量关。

（4）爱岗敬业教育　使化验室检验系统各类人员热爱企业、热爱自己的工作岗位，艰苦创业，勇于创新，增强团队精神，提高与人合作能力，为企业的发展尽职尽责。

2. 实行严格的聘任制

所谓聘任制是指对所需人员实行招聘和任用的制度。聘任制有利于培养、发现人才和企业急需人才的及时补充，是一种新兴的人力资源管理方法，充分体现了当今管理学的用人原则。为实行严格的聘任制，应做好以下工作。

（1）制定岗位规划，建立岗位规范　根据化验室检验系统的目标及任务、现有岗位、化验室的发展和技术进步等制定出未来一段时间的岗位规划、岗位职责和任职条件等。

（2）建立人力资源流动机制，制定引进急需人才的措施和办法。

（3）配合岗位责任制实施，制定人员考核办法和考核制度，实行定期考核，并根据考核结果实行奖惩和聘任。

（4）重点抓好化验室主任的聘任　不同级别的化验室，对主任的要求不同，一般应由具有中级以上技术职务、事业心强并具有组织领导能力的人担任。

3. 技术职务评定工作经常化、制度化

积极鼓励技术人员认真学习，提高自身的业务水平和技术能力，积极为技术人员创造提高学术水平、计算机应用能力、外语水平、岗位职业技能等方面的外部环境。对条件成熟的技术人员，应积极向技术职务评定专业机构或职业技能鉴定机构推荐，让他们的努力尽早得到社会的认可和回报，同时，也会产生相应的激励作用。

4. 设立技术成果奖

为调动技术人员的积极性和创造性，在化验室检验系统设立技术成果奖是非常必要和有意义的。一方面能调动技术人员的工作积极性和创造性，提高其自身的业务水平和技术能力，为检验系统目标和任务的完成奠定良好的人力资源和技术基础。另一方面，也是对其工作积极性和创造性的肯定和鼓励，对其他人员产生激励作用，有利于检验系统人员整体素质的提高。

第三节　化验室仪器设备和材料管理

化验室仪器设备和材料是化验室检验系统的要素之一。仪器设备和材料的优劣，是反映

检验系统分析检验能力高低的重要因素，同时，也直接关系到能否实现检验系统的任务和目标。对化验室仪器设备和材料的管理，首先是使仪器设备的型号和性能、材料的质量达到分析检验方法或分析检验规程的要求；保证仪器设备的正常运行；促进各类仪器设备相互弥补、协同工作，发挥其最大的使用潜能；以最小的投入和运行成本，实现化验室检验系统的任务和目标。

一、仪器设备管理的范围和任务

1. 仪器设备管理的范围

根据仪器设备的单价，把化验室仪器设备分为低值仪器设备、一般仪器设备和大型精密仪器设备。在仪器设备管理中，重点是加强耐用期一年以上且非易损的一般仪器设备和大型精密仪器设备的管理，对这些仪器设备，不管它们的来源如何，都应列为固定资产进行专项管理。

2. 仪器设备管理的任务

化验室仪器设备管理的任务是确保化验室分析检验工作、技术改造工作和新产品试验等工作对仪器设备的需要。所以，从仪器设备的购置、验收到使用、维修直至报废的整个过程中，应加强仪器设备的计划、日常事务、技术、使用和经济等方面的管理工作，最大限度地发挥仪器设备的使用价值和投资效益。

二、仪器设备计划管理

1. 仪器设备购置计划的编制

（1）编制仪器设备购置计划的依据 生产中控分析和产品质量检验所必需的分析测试仪器；技术改造和产品开发等科研工作必需的仪器设备；企业生产发展和技术进步所需要更新换代的仪器设备等。

（2）经常性购置计划和年度购置计划 由于化验室的仪器设备因使用性能逐渐降低而不能满足需要或突然损坏，需及时地补充备用仪器设备，所以要编制仪器设备经常性购置计划；考虑化验室分析检验系统整体可持续发展，应编制仪器设备年度购置计划。

2. 仪器设备的申购、选型、论证和审批

（1）仪器设备的申购、选型、论证 根据化验室检验系统有关专业工作室分析检验工作或其他工作的需要，由专业工作室负责人提出仪器设备申购计划，并按工作上适用、技术上先进、经济上合理的原则做好正确的选型和可行性论证。工作上适用是指选购的仪器设备能满足分析检验任务的需要；技术上先进是指仪器设备的技术性能和精度满足或超过要求且稳定、可靠、耐用；经济上合理是指仪器设备的购置费和日常运行费用比较合理。特别要指出的是，购置大型精密仪器设备，必须组织有关专家和同行进行专门的可行性论证。

（2）仪器设备申购计划的审批 一般仪器设备的申购计划经化验室主任签署意见后，由企业分管负责人审核批准。大型精密仪器设备的申购计划除企业分管负责人审核同意外，还要请有关专家和同行进行可行性论证，提出评审论证意见，由企业负责人审批。

3. 仪器设备申购计划的实施

根据批准的仪器设备申购计划，由企业的供应部门或化验室（对小企业而言）制订采购实施计划。如无特殊规定，均进入市场进行采购。

三、仪器设备的日常事务管理

1. 仪器设备的账卡建立和定期检查核对

凡是列入固定资产的仪器设备，按国家和企业有关规定，进行分类、编号、登记、入账和建卡，卡片一式3份，其中企业设备管理部门一份，化验室一份，一份随仪器设备存下级化验室或专业室。

企业财务部门建立固定资产分类总账，企业设备管理部门建立仪器设备进出的流水账、分类明细账和分户明细账。企业财务部门与企业设备管理部门定期核对，至少半年一次，应做到账账相符；企业设备管理部门与化验室、下级化验室或专业室也应定期核对，至少每年一次，应做到账、物、卡三相符。

化验室应对属于固定资产的仪器设备进行计算机管理，以便于更好地检索、核对、报废和赔偿等管理工作。

2. 仪器设备的保管和使用

仪器设备的单位应选派职业道德素质高、责任心强、工作认真负责，并具有较强业务能力的人员专职或兼职负责仪器设备的保管工作。对大型精密仪器设备的管理和使用，必须建立岗位责任制，制定操作规程和维护使用办法，对上机人员必须经过技术培训，考核合格后方可使用。

3. 仪器设备的调拨和报废

化验室如有闲置或多余的仪器设备，应予调拨。化验室内部各专业室之间、企业内各部门之间实行无偿调拨；企业之外则实行有偿调拨。仪器设备调拨后应办理固定资产转移和相应的财务处理。

仪器设备达到使用技术寿命或经济寿命时，如确已丧失正常效能，或技术落后，能耗较大，或损坏严重无法修复，有的虽能修复，但修理费用超过新购价格的50%，都应作报废处理。一般仪器设备的报废，由企业设备管理部门审核同意，大型精密仪器设备报废还需经企业主管领导审批，并报企业上级主管部门批准或备案。报废的仪器设备可以降级使用、拆零部件使用或交企业设备管理部门的回收仓库。同时，应做好变更固定资产价值或销账撤卡工作。

4. 仪器设备损坏、丢失的赔偿处理

仪器设备发生事故造成损坏或丢失时，应组织有关人员查明情况和原因，分清责任，作出相应的处理。

明确赔偿界限。因违反操作规程等主观因素造成的损坏均应赔偿，由于自然损耗等客观原因造成的损失可不赔偿。

确定赔偿的计价原则。损坏或丢失的仪器设备要严格计价赔偿，损坏的仪器设备应按新旧程度合理折旧并扣除残值计算；损坏或丢失零配件的，只计算零配件价格；局部损坏可修复的，只计算修理费。

在处理此类事件中应贯彻教育为主、赔偿为辅的原则。因责任事故造成仪器设备损失的，应责令相关人员认真检查，并按损失价值大小、造成事故的原因和认识态度给予适当的批评教育和经济赔偿。损失重大、后果严重、认识态度恶劣的，除责令赔偿外，还应给予行政处分甚至追究刑事责任。

四、仪器设备的技术管理

1. 仪器设备的验收

仪器设备的验收重点在于对仪器设备质量的确认，此项工作一般是由仪器设备管理部门、使用单位和供货方的人员共同承担，主要从实物和技术性能两方面进行验收。进行实物验收时，首先除去外包装，检查仪器设备的外观是否完好无损，生产企业、颜色、型号、规格、元配件和数量等是否与合同约定的一致；进行技术性能验收是将仪器设备安装调试好后，检验其技术指标是否与说明书标注的相符，对分析测试仪器设备还需用标准样品和样品进行测试，从而确定仪器设备的技术性能和精度是否稳定、可靠且符合合同要求。对进口仪器设备，还需增验进口许可证、免税批件和商检报告等。验收时应作好详细记录，提交验收工作报告，经各方签字认可后作为技术档案保存。验收工作中凡是发现仪器设备存在与合同约定不相符或破损短缺的情况，应及时查明原因，办理有关手续，进行退、换、补或索赔。对验收合格的仪器设备，进行编号、入账和建卡。

2. 仪器设备的维护保养和修理

仪器设备使用过程中，由于外界因素和仪器设备自身等多种原因，必然会导致仪器设备的技术性能发生一定程度的变化，甚至诱发其故障或事故。因此，及时地发现和排除故障或事故的隐患，确保仪器设备正常运行显得尤为重要。在仪器设备的管理中，对仪器设备实施必须和合理的维护保养是实现仪器设备正常运行最有效的途径。

为了做好仪器设备的维护保养工作，首先应根据仪器设备各自的特点制定维护保养细则；严格做到维护保养工作经常化、制度化；坚持实行"三防四定"制度，即认真做到"防尘、防潮、防振"和"定人保管、定点存放、定期维护和定期检修"；将此工作纳入责任制管理范畴，从而使仪器设备整洁、润滑、安全运行、性能稳定达标。

仪器设备的修理也是仪器设备的管理中不可缺少的工作，仪器设备的修理可分为事后修理和事前检修。当某一仪器设备出现故障而不能运行时，维修人员对其进行故障原因的检查、修理或更换受损的零部件，必要的调试等，使该仪器设备恢复到正常运行状态。由于是出现故障后进行的修理，所以称为事后修理。事后修理因事先始料不及，可能使修理时间较长，对分析检验工作和生产都会带来影响，因此，必须及时进行。应创造条件建立化验室仪器设备维修站（点），培养仪器设备修理人员以承担化验室整个检验系统仪器设备的修理任务。化验室维修站（点）无法维修的仪器设备，应送相关厂商设置的产品维修网点进行维修。

3. 仪器设备性能的技术鉴定和校验

仪器设备性能的定期技术鉴定和校验，是合理地使用仪器设备、保证分析检验结果的准确性和可靠性所必须进行的工作。对化验室的分析测试仪器设备进行技术鉴定和校验工作，应指定专人负责管理。在仪器设备的使用过程中，如发现异常的现象，应立即停止使用，及时对其性能进行技术鉴定和校验，以此确定该仪器设备是保级使用还是降级使用或者是淘汰。与分析测试有关的计量仪器，在实际使用过程中，必须按规定期限进行计量检定，以确保其计量值传递的可靠性。对突然出现计量性能变化较大（测试结果可疑）的计量仪器，应停止使用，及时送专业检定机构进行计量检定。

五、仪器设备的经济管理

1. 经济合理地选购和使用仪器设备

中控化验室、中心化验室等不同层次的化验室，由于各自所承担的分析检验任务不同，所以在仪器设备的配置上应遵循经济合理的原则，满足其相应的需要，避免大机小用、精机粗用，以达到寿命周期费用低而效率高的目的。

2. 提高仪器设备的投资效益

大型精密仪器设备一般应集中在中心化验室，除中心化验室使用外，还应为其他化验室和需求单位提供有偿服务，实现资源的局部共享。制定有偿服务项目和合理的收费标准，切实开展有偿服务工作，充分提高仪器设备的投资效益。

3. 提高仪器设备的完好率和利用率

（1）仪器设备的完好率和利用率　仪器设备的完好标志是指其性能良好，基本保持出厂指标，零部件齐全，运行正常。仪器设备完好率是指完好的仪器设备台数与在用仪器设备总台数之比率；仪器设备利用率是指仪器设备在一年中的实际使用时间和年额定使用时间之比率。

（2）提高仪器设备的完好率和利用率　合理配置仪器设备的管理和使用人员，通过有效的措施，提高他们的工作积极性和责任感；加强仪器设备的常规管理和技术管理，使仪器设备处于完善可用的状态；合理安排，使仪器设备处于合理的满负荷工作状态；充分保证仪器设备正常运行的基本条件，如水、电、能源的安全输送，仪器设备运行所消耗物品的供应，仪器设备维护费用的保证等。

六、大型精密仪器设备管理概述

化验室常用的分析检验大型精密仪器设备主要有红外分光光度计、紫外分光光度计、原子吸收分光光度计、气相色谱仪、液相色谱仪、质谱仪、核磁共振波谱仪等。随着科学技术的飞速发展，大型精密仪器设备也正沿着综合化、复合型、多功能、灵敏度提高、精密度和准确度提高、性价比提高、对使用环境要求降低的趋势发展。

大型精密仪器设备管理的任务是最有效地做到买好、用好和管好这 3 方面的工作。通过计划管理、技术管理、经济管理等有效手段，充分利用化验室的人、财、物等资源，最大限度地发挥其使用效率和投资效益，为企业的生产、技术改造、新产品试制等提供切实的保证。

大型精密仪器设备的管理主要分为计划管理、技术管理、经济管理和使用管理考核 4 个方面。计划管理主要包括大型精密仪器设备购置计划的制订、论证、审批和实施；技术管理主要包括大型精密仪器设备的安装、调试、验收和索赔，建立操作规程，应用状态监测和故障诊断技术实施针对性的维护保养，开发新功能和改造老技术，建立技术档案等；经济管理主要包括大型精密仪器设备的机时定额管理、服务收费管理、利用率考核等；使用管理的考核是指通过建立考核内容与评估指标体系以及考核工作的实施，使仪器设备管理部门对大型精密仪器设备的使用管理状况有全面确切的了解，也使大型精密仪器设备的使用技管人员了解各自的工作成绩与不足，以进一步提高大型精密仪器设备的使用管理水平。

课程思政小课堂

锲而不舍的科学精神

原子荧光光谱分析法（AFS）是 20 世纪 60 年代中期以后发展起来的一种新的痕量分析方法。原子蒸气受到具有特征波长的光源照射后，其中一些自由原子被激发跃迁到较高能态，然后回到某一较低能态（常常是基态）而发射出的特征光谱叫做原子荧光。各种元素都有其特定的原子荧光光谱，根据原子荧光强度的高低可测得试样中待测元素的含量。

1964年，Winefordner和Vickers等人提出并论证了原子荧光光谱法可作为一种新的化学分析方法。自20世纪70年代以来，国内外许多专家、学者、企业共同致力于原子荧光光谱商品化仪器的研制和开发。

美国Technicon公司于1976年生产出一台原子荧光光谱仪AFS-6，它采用脉冲调制空心阴极灯作光源，以计算机作控制和数据处理，能同时测定6个元素。20世纪80年代初，美国Baird公司研制出AFS-2000型多道无色散原子荧光光谱仪，它采用电感耦合等离子体（ICP）作原子化器，可12道同时检测。此后，国外原子荧光商品化仪器的发展非常缓慢。直到1993年，才有英国PSA公司生产的蒸气发生-无色散原子荧光仪器，它能同时检测As、Sb、Bi、Hg、Se、Te等6种元素。20世纪90年代末，加拿大Aurora公司推出一款氢化物发生-无色散原子荧光仪（HG—AFS）。21世纪初，美国Leeman Labs公司和德国Analytik Jena公司分别研制并推出原子荧光测汞仪。

我国从20世纪70年代中期开始研制原子荧光光谱仪器，原子荧光技术及其商品化仪器在我国得到飞速发展和普及推广。1975年，西北大学研制出以低压汞灯作光源的冷原子荧光测汞仪；同期，中科院上海冶金研究所研制出用高强度空心阴极灯作光源、氩隔离空气-乙炔火焰作原子化器的双道无色散AFS仪。1979年，西北有色地质研究院成功研制了以溴化物无极放电灯作激发光源的HG AFS仪，为原子荧光光谱仪在我国成功实现商品化奠定了重要基础；该院随后研制开发了WYD、XDY-1等双道AFS仪。1987年，刘明钟等人成功研制了脉冲供电特制空心阴极灯，这种高性能激发光源为HG-AFS仪在我国的普及推广创造了条件；在此基础上研制生产的XDY-2无色散HG-AFS仪以屏蔽式高温石英炉作原子化器，手动进样、双道同时检测、微机控制，堪称为我国AFS发展具有里程碑意义的仪器。1996年我国推出了第一款全自动AFS-230型HG-AFS仪，采用断续流动进样装置，实现了氢化物发生反应的自动化。随后，我国相继研制生产出AFS-610、AFS-230、SK-800、AFS-2202、AFS-830、AFS-9800、AFS-930、AFRoHS-400等高灵敏商品化原子荧光仪，使得我国HG AFS仪的研制和应用水平，处于先进水平。

想一想

假如你是一名化验室工作人员，对耐用期一年以上且非易损的仪器设备如何管理？假设试验中仪器设备达不到分析要求，怎么办？

七、计算机系统及管理

1. 中小型电子计算机系统

（1）计算机系统的构成　一个可供使用的计算机系统由其中的硬件和软件两大部分构成。硬件包括由电子线路、元器件和机械部件等组成的具体装置，如运算器、控制器、内存储器、外存储器和输入输出设备5大部分。前三部分合在一起称为计算机的主机或中央处理单元，放在主机房；后两部分被称为外部设备，放在控制室内。软件泛指为了使用计算机所必需的各种程序。计算机系统的构成如图4-1所示。

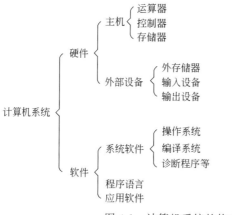

图 4-1　计算机系统的构成

（2）计算机系统各构成部分的作用

① 输入器：利用光电管照在穿孔纸带上，将信息转换成电脉冲输入机器的存储器中，每秒钟可产生上千万甚至上亿个电脉冲。

② 存储器：存储原始数据、中间结果、最终结果和计算程序等，有内、外存储器之分。

③ 控制器：指挥计算机协调工作，使按照程序要求，机器各个部分进行连续动作。

④ 运算器：在控制器的指挥下，对内存储器里的数据进行运算、加工和处理等。

⑤ 输出器：将计算机内的文档、数据、图片等输出并加以显示。

2. 化验室计算机系统的基本功能

化验室计算机系统主要满足化验室管理工作和技术工作的需要，应具备以下基本功能。

① 数据的录入、修改和删除功能。

② 数据的自动检测、运算、统计分析功能。

③ 非数值计算的信息处理功能，统计和检索功能。

④ 打印报表、检测报告和网络传输功能。

⑤ 图形功能和辅助预测决策功能。

3. 化验室计算机系统的基本要求

① 适应化验室各项工作的数据组织和处理要求。

② 满足化验室计算机系统的基本功能。

③ 为用户提供友好操作界面，键盘输入和打印输出灵活方便。

④ 系统运行效率高，有良好的系统扩充能力。

⑤ 具有良好的安全防范能力。

4. 化验室计算机系统的管理

（1）计算机系统硬软件的实物管理　计算机系统硬软件的实物可看成仪器设备或材料，关于仪器设备的计划、技术、经济和日常的管理，可参照本节"二"至"五"；材料有关方面的管理可参照本节"八"。

（2）计算机系统运行的环境管理　老的计算机系统对运行的环境要求较高，如计算机房的温度、湿度、洁净度、气流速度、磁场、振动、静电等要求非常严格。而现在的计算机系统虽然从系统的构成上和老的计算机系统区别不大，但从实物结构上却发生了较大的变化。所以，现在的计算机系统大大地降低了其系统的运行环境要求，在管理中比较容易满足。

（3）计算机系统的安全防范　计算机系统运行的环境方面，主要应做好防火、防噪、防振、防磁等方面的工作。同时还要做好计算机系统网络安全防范工作，经常升级计算机病毒防范系统，防止计算机系统遭到破坏；加强计算机系统的保密措施，防止他人直接或从网络攻击计算机系统或盗取计算机系统的保密资料。

八、材料及低值易耗品的管理

化验室检验系统在正常的运行中需要消耗大量的各种材料和低值易耗品（以下简称材料）。材料与仪器设备相比，具有单价低、品种多的特点。但它却和仪器设备一样，都是保证化验室检验系统目标任务完成的最基本的物质条件。

1. 材料及低值易耗品的分类

凡一次使用后即消耗或不能复原的物资被称为材料。如黑色金属、有色金属和稀有金属、煤炭和石油产品、木材、水泥、化工原料及化学试剂药品等均属于不同类型的材料。

不够固定资产标准又不属于材料范围的用具设备被称为低值易耗品，它实际代表两个概念：一是低值品，如化验室常用的低值仪器、仪表、工具、量具、仪器设备的通用配件或专用配件；二是易耗品，如化验室常用的各种玻璃仪器和器皿（烧器类——烧杯、锥形瓶、碘量瓶、试管、烧瓶等；量器类——量筒、容量瓶、滴定管、吸量管等；加液器和过滤器——漏斗、抽滤瓶、抽气瓶等；容器类——广口瓶、称量瓶、水样瓶等；其他玻璃仪器——干燥器、比色管、洗瓶、吸收管、研钵、搅拌器、标准磨口仪器等）、各种元件、器材（石棉网、试纸、滤纸、擦镜纸等）、易损通用零配件或专用零配件、劳动保护用品等。

2. 材料及低值易耗品的定额管理

材料及低值易耗品的定额管理，是一项重要和复杂的管理工作。制定材料定额就是依据化验室的实际管理与分析检验工作，运用数学统计等定量的方法找出其消耗相关器材的规律。它是化验室器材科学管理的基础，对化验室材料定额管理和完成化验室的目标任务具有非常重要的作用。

（1）材料定额管理的基本概念　材料及低值易耗品的定额，是指其消耗、供应和储备的标准数量。它是在大量深入细致的工作、各种原始资料、摸索规律和调查研究结果的基础上，通过统计、测定和计算等定量的方法加以确定的。

材料定额一般分为 3 种：第一种是材料消耗定额，它是指化验室按规定完成单位工作量所合理消耗材料的标准数量；第二种是材料供应定额，它是指材料消耗定额与附加的非工艺性损耗量（一定条件下，除工艺性消耗外完成单位工作量合理的补贴消耗量）之和；第三种是材料储备定额，它是指为确保化验室工作正常进行所必需的合理的库存材料储备限额。

（2）材料定额管理的作用　通过制定材料定额，为化验室合理地编制材料计划和经费分配计划提供重要的依据；增强化验室的节支措施；促进化验室管理水平的提高。

化验室在编制材料计划时，如果没有科学合理的材料定额作为依据，就会因没有标准而使计划出现较大的偏差。材料太多，出现库存积压，占用资金，造成浪费。材料太少，直接影响化验室的工作，造成化验室目标任务难以完成。同样，在编制经费分配计划时，如果没有科学合理的材料定额作为依据，就可能出现各项经费分配和使用不合理，甚至还会出现互相争经费的情况，这些对化验室的工作都很不利；有了材料定额，就能严格按材料定额领取、发放和使用材料，加强经济核算和技术管理，恰当地控制材料的使用、供应和储备，达到节约支出的目的。材料定额是衡量化验室器材管理水平的基本准则，化验室器材管理水平的高低，其标准之一就是看其是否制定和执行了有关的材料定额。通过材料定额管理可促进化验室整体管理水平的提高。

（3）制定材料储备定额应考虑的因素　制定材料储备定额，应充分考虑材料的消耗量、供货条件和材料储备天数等因素。

材料的消耗量是指其消耗量的大小、全年的消耗量、平均每天的消耗量；供货条件包括市场供应情况、计划调拨期、整批还是分批交货、外埠采购在途天数等；季节性用料或一次性用料，不列入储备定额，单独给予解决。材料储备定额的计算公式如下：

$$材料储备天数＝采购间隔天数＋外埠采购在途天数＋仓库储备天数 \tag{4-1}$$

$$每种材料的储备资金定额＝\frac{每种材料全年耗用量×单价}{360 天}×储备天数 \tag{4-2}$$

$$每类材料的储备资金定额＝\frac{每类材料全年耗用总金额}{360 天}×储备天数 \tag{4-3}$$

3. 材料及低值易耗品的仓库管理

为了使化验室的各项工作不间断地进行，储备若干必需的材料是非常必要的。要储备这些材料，就需要建立存储材料的场所，这就是所谓的仓库。仓库是存储和发放材料的场所，也是供需衔接的窗口，仓库管理工作的效率直接关系到化验室分析检验系统工作的成效，也反映出整个化验室管理工作的水平。

（1）仓库管理工作的基本要求　仓库管理工作要做到对所存储的材料严格验收、妥善保管、厉行节约、保证安全；健全和执行相关的规章制度；实施岗位责任制，提供规范合格的服务。

严格验收就是指在材料入库验收工作中应严格遵循验收程序和要求，即认真审核各材料的单据并进行单据和材料一一核对，要求单据与材料相符；点验材料质量，要求材料的品种、规格、数量无出入，包装完好。对化学试剂类，还要求标签完整、字迹清楚、无泄漏、无水湿现象，所呈性状与规定的吻合。总之，必须坚持以单据为主，以单据逐项核对各材料，保证每样材料过目，做好验收记录，尽快办理入库手续，避免出现差错。

妥善保管就是要根据各类材料不同的性质和储存要求，创造较好的仓储环境；建立和执行材料经常性保管和保养工作规范、材料进出库以及材料报废处理等制度，定期进行所存材料的盘点和核对，及时处理出现的问题。

（2）储备定额的制定　储备定额由经常储备定额和保险储备定额所组成。储备定额的制定方法主要有供应期方法和经济订购批量方法。

经常储备定额是指从上一批材料进库开始，到后一批材料进库之前的储备量。它是储备中的可变部分，又称周转储备；保险储备定额是指在材料供应中，为防止因运输停滞、交货期延误、材料质量不合要求等原因造成材料来源不济而建立的供若干任务需要的储备量。它是储备中的不变部分，又称为固定储备。凡是货源充裕、容易补充、对化验室工作无关紧要和可用代用品解决的材料，不必建立保险储备。

仓库储备都是从进货一天的最大量到最小量的变化过程，其最高储备量应等于经常储备量加保险储备量。在正常供应条件下，当经常储备量接近用完时，恰好是库存的最低储备量，当有保险储备量时，它接近于保险储备量。若因供应误期，就只好动用保险储备。实际上，每一种库存材料的数量都是在最高和最低之间变化着。正常情况下，库存储备量等于经常储备量的一半加保险储备量，这时的库存储备称为平均储备量。

供应期方法是制定储备定额的基本方法，它利用材料及低值易耗品的供应间隔周期和平均每天需用量为基础来确定其储备定额。储备定额的计算公式为：

$$M＝L_t D \tag{4-4}$$

式中　M——某种材料的储备定额；

L_t——某种材料平均每天需用量；

D——某种材料合理的储备天数。

经济订购批量是指某种材料全年需要的总费用达到最小值时的材料进货量。利用经济订购批量方法制定的储备定额具有最佳的经济效果。使用经济订购批量方法的前提条件是：第一，需求率不变，即需求稳定，订购总是不变；第二，货源充足，不会出现缺货现象；第三，运输方便，可随时送货；第四，仓库存储条件和材料储存寿命不受限制；第五，单价和运输费用率固定，不随订货批量的大小而变化。

经济订购批量的总费用由三部分组成：第一，材料总价，由材料及低值易耗品的单价和订购数量所决定；第二，保管总费用（或称储存总费用），由材料及低值易耗品占用资金利息、维护保管费、仓库管理费、库内搬运费和储存损耗费等构成；第三，订购总费用，由运杂费（包括进货时的运费、装卸费、途耗费、检验费等）和订购费（包括与订购有关的业务手续费、差旅费、行政费等）所构成。

（3）ABC 分析法在材料定额管理中的应用　对化验室所需要的各种材料，按其价值高低、用量大小、重要程度和采购难易分为 A、B、C 三类，对占用储备资金多、采购较难且重要的材料定为 A 类材料，在订购批量和存储管理等方面，实行重点控制；对占用资金少、采购容易、比较次要的材料定为 C 类材料，采用较为简单的方法加以控制；对处于上述两类之间的材料定为 B 类材料，采用通常的方法进行管理和采购。

一般来说，A 类材料的品种占总数的 15% 左右，价值达总价值的 80% 左右；B 类材料的品种占总数的 25% 左右，价值达总价值的 15% 左右；C 类材料的品种占总数的 60% 左右，价值只占总价值的 5% 左右。

九、化学试剂的管理

化学试剂是化验室检验系统经常性消耗而且使用量较大的材料。化学试剂的种类繁多，并且还没有分类方法的统一规定。在不同的分类方法中，使用较多的是按用途和化学组成的分类方法。这种分类方法是将化学试剂先分成大类，在每一大类中又分成若干小类；也有按化学试剂的纯度进行分类的方法。

按用途和化学组成的分类情况见表 4-1。

按化学试剂的纯度进行分类，我国将化学试剂共分为 7 种，分别为：高纯（又称超纯或特纯）；光谱纯；分光纯；基准纯；优级纯；分析纯；化学纯。高纯试剂，纯度要求在 99.99% 以上，杂质总含量低于 0.01%。优级纯、分析纯、化学纯试剂统称为通用化学试剂。

国际纯粹与应用化学联合会（IUPAC）将作为标准物质的化学试剂按纯度分为 5 级：

（1）A 级　相对原子质量标准物质。

（2）B 级　和 A 级最接近的标准物质。

（3）C 级　$w = (100 \pm 0.02)\%$ 的标准试剂。

（4）D 级　$w = (100 \pm 0.05)\%$ 的标准试剂。

（5）E 级　以 C 级或 D 级试剂为标准进行对比测定所得的纯度相当于 C 级或 D 级，但实际纯度低于 C、D 级的试剂。

按照这种纯度等级分类，表 4-1 中的一级、二级基准试剂，仅相当于 C 级和 D 级的纯度。

1. 通用化学试剂

国家标准 GB 15346—2012《化学试剂　包装及标志》把优级纯、分析纯、化学纯级试剂

表 4-1　化学试剂的分类

类　别	用　途　及　分　类	示　例	备　注
无机分析试剂	用于化学分析的一般无机化学试剂	金属单质、氧化物、酸、碱、盐	纯度一般大于99%
有机分析试剂	用于化学分析的一般有机化学试剂	烃、醛、醇、醚、酸、酯及衍生物	纯度较高、杂质较少
特效试剂	在无机分析中用于测定、分离或富集元素时一些专用的有机试剂	沉淀剂、萃取剂、显色剂、螯合剂、指示剂	
基准试剂	标定标准溶液的浓度。又分为:容量工作基准试剂;pH工作基准试剂;热值测定用基准试剂	基准试剂,即化学试剂中的标准物质 一级有15种 二级有7种	一级纯度:99.98%～100.02% 二级纯度:99.95%～100.05%
标准物质	用作化学分析或仪器分析的对比标准或用于仪器分析校准。分为:一级标准物质;二级标准物质	纯净的或混合的气体、液体或固体	我国自己生产的由原国家技术监督局公布的(1993年)一级标准物质683种;二级432种
仪器分析试剂	原子吸收光谱标准品;色谱试剂(固定液、固定相填料)标准品;电子显微镜用试剂;核磁共振用试剂;极谱用试剂;光谱纯试剂;分光纯试剂;闪烁试剂		
指示剂	用于容量分析滴定终点的指示、检验气体或溶液中某些物质。分为:酸碱指示剂;氧化还原指示剂;吸附指示剂;金属指示剂等		
生化试剂	用于生命科学研究。分为:生化试剂;生物染色剂;生物缓冲物质;分离工具试剂等	生物碱、氨基酸、核苷酸、抗生素、酶、培养基	也包括临床诊断和医学研究用试剂
高纯试剂	纯度在99.99%以上,杂质控制在10^{-6}级或更低		
液晶	在一定温度范围内具有流动性和表面张力并具有各向异性的有机化合物		

统称为通用试剂。此外还有基准试剂、生化试剂和生物染色剂等门类。

　　GB 15346—2012将化学试剂分为不同门类、等级,并规定了它们的标志和包装单位,见表4-2和表4-3。我国和其他国家的化学试剂在规格、标志等方面有所不同,对照情况见表4-4。

表 4-2　化学试剂的门类、等级及标志

门　类	质量级别（中文标志）	代号（沿用）	标签颜色[①]	备　注
通用试剂	优级纯	G. R.	深绿色	主体成分含量高,杂质含量低,主要用于精密的分析研究和测试工作
	分析纯	A. R.	金光红色	主体成分含量略低于优级纯,杂质含量略高,用于一般的分析研究和重要的测试工作
	化学纯	C. P.	中蓝色	品质略低于分析纯,但高于实验试剂(L. R.),用于工厂、教学的一般分析和实验工作
基准试剂			深绿色	用于标定容量分析标准溶液及pH计定位的标准物质,纯度高于优级纯,检测的杂质项目多,但总含量低
生化试剂[②]			咖啡色	用于生命科学研究的试剂种类特殊,纯度并非一定很高
生物染色剂			玫瑰红色	用于生物切片、细胞等的染色,以便显微观测

① 其他类别的试剂均不得使用上述的颜色标志。

② 此类试剂及其标签颜色是由 HG 3-119—83 规定的, GB 15346 中未单列。

表 4-3 化学试剂的包装单位

类　别	固体产品包装单位（m）/g	液体产品包装单位（V）/mL
1	0.1,0.25,0.5,1.0	0.5,1.0
2	5,10,25	5,10,20,25
3	50,100	50,100
4	250,500	250,500
5	1000,2500,5000	1000,2500,3000,5000

表 4-4 各国化学试剂规格、标志对照表

国家或厂牌	Ⅰ	Ⅱ	Ⅲ
GB 15346—2012 （我国国家标准）	优级纯 G.R.	分析纯 A.R.	化学纯 C.P.
E. MERCK （德国伊默克厂） DRTHEODOR	G.R.（保证试剂）	LAB.（实验用） ORG.（有机试剂）	E.P.（特纯） PURE（纯）
SCHUGHARAT （德国狄奥多·叔查特公司）	A.R.（分析试剂）	REINST（特纯） C.P.（化学纯）	REIN（纯） L.R.（实验试剂）
RIEDEL DEHAEN （AG） （德国伊地亨公司）	P.A.（分析试剂）		PURE
BRITISH DRUG HOUSE （英国不列颠药品公司）	A.R. S.T.R.（点滴试剂）		LRLC（实验试剂）
HOPKIN & WILLIAMS （英荷普金·华列母公司）	A.R.		C.P.R.（一般试剂） PURE
LIGHT （英国赖埃特厂）	C.R. A.R.	C.P.	PURE L.R.
JUDEX （英国犹狄克斯厂）	A.R.	C.P.	PURE.E.P. PURIFIED（纯净的）
JAPAN （日本）	特级 G.R.　A.R.	一级	E.P PURE J.P.（日本药局方）
FLUKA （瑞士费鲁卡厂）	PURISS-PA （分析纯）	PURISS （高纯）	PRACT（实验纯） PURE PURUM（纯）
USA （美国）	A.R. ACS（美国化学学会）	C.P.	
CARLD ERBA （意大利卡罗·伊巴公司）	R.P.（分析试剂） R.S.（特殊试剂）	LAB	R（纯）
HUNGARY （匈牙利）	G.R. P.A.	P.S.S. （纯标准物质）	E.P.

2. 标准物质

标准物质的定义为：具有一种或多种足够均匀和很好地确定了特性值，用以校准设备、评价测量方法或给材料赋值的材料或物质。标准物质是一种计量标准，都附有标准物质证书，规定了对其一种或多种特性值可溯源的确定程序，对每个标准值都有给定置信水平的不确定度。标准物质在有效使用期内的特性量值可靠。标准物质种类很多，涉及面也很广。我国把标准物质分为两个级别，分别为：一级标准物质，代号为 GBW，是指采用绝对测量方法或其他准确、可靠的方法测量其特性值，测量准确度达到国内最高水平的有证标准物质，主要用于研究与评价标准方法，对二级标准物质定值；二级标准物质，代号为 GBW（E），是指采用准确可靠的方法或直接与一级标准物质相比较的方法定值的，也称工作标准物质，主要用于评价分析方法以及同一实验室或不同实验室间的质量保证。我国参照国际常用的分类方法将标准物质分为 13 类：（1）钢铁；（2）有色金属；（3）建筑材料；（4）核材料与放射性；（5）高分子材料；（6）化工产品；（7）地质；（8）环境；（9）临床化学与医药；（10）食品；（11）能源；（12）工程技术；（13）物理与物理化学。

3. 危险性化学试剂

危险性化学试剂是指受光、热、空气、水或撞击等外界因素的影响，可能引起燃烧、爆炸的试剂，或具有强腐蚀性、剧毒性的试剂。一般包括易爆品、易燃品、强氧化剂、强腐蚀性试剂、剧毒品和液体有机试剂等。

4. 化学试剂溶液

分析检验工作中常用各种各样的化学试剂溶液，如常用的酸、碱、盐溶液；标准溶液，包括滴定用标准溶液、杂质标准溶液、pH 标准溶液；指示剂溶液、缓冲溶液、特殊试剂和制剂溶液等。由于化学试剂的性质不同，对溶液组成标度的准确度要求不同，所用溶剂不同，所以配制方法、操作要求也各不相同。有关滴定分析用标准溶液、杂质测定用标准溶液等的配制和标定，应按 GB 601、GB 602 及 GB 603 标准规定进行。

5. 其他化学品

这里所述的其他化学品主要包括化验室用清洗剂，如铬酸洗液、工业盐酸稀释洗液、硝酸-氢氟酸洗液等酸性化学洗液；氢氧化钠-乙醇洗液、碱性高锰酸钾洗液等碱性化学洗液；碘-碘化钾洗液、有机溶剂等其他化学洗液；普通清洗剂；浴油类，如甘油、石蜡、润滑油；其他化学材料，如橡胶制品、塑料制品、化学纤维制品等。

6. 化验室常用材料的管理

前面所述的化学试剂、标准物质等均属于化验室常用材料，关于它们的计划、采购、保管、效益等意义上的管理，在前面已叙述。下面所述的管理主要是指使用、保管、存放这些材料时的一些注意事项。

在使用化学试剂时，首先要熟悉其性质，如市售强酸和强碱的浓度、化学特性等；有机溶剂的挥发性、可燃性、毒性等。取用时，按相关规定进行。如拆开易燃易爆品外包装时，不能使用钢或铁质工具；打开易挥发试剂的瓶塞，瓶口不要对着脸部或其他人；有毒、有恶臭味的试剂应在通风橱中操作使用，结束后将瓶塞蜡封或用生料带封严瓶口。

所有的化学试剂要分类存放，如无机试剂可按酸、碱、盐、氧化物、单质等分类；盐类可按阳离子分类，如钾盐、钠盐、铵盐、钙盐、镁盐等；有机试剂一般按官能团排列，如烃、醇、酸、酯等；指示剂可按用途分类，如酸碱指示剂、氧化还原指示剂和配位滴定的金属指示剂等；专用有机试剂可按测定对象分类。

易燃易爆品应存放于主建筑外的防火库内底下、不易碰撞的地方，库内应配备相应的灭火和自动报警装置。易爆品储存温度一般在30℃以下，易燃品储存温度一般不宜超过28℃，并有良好的通风效果，移动时应轻拿轻放。

化验室在使用和临时存放化学危险品时，对于低沸点、易挥发有机溶剂应存放于阴凉、通风处，远离热源，更不得有明火，不要与固体试剂同置一个柜中；燃点低，受热、摩擦、撞击或遇氧化剂易引起燃烧、爆炸的固体应存放于阴凉、温度偏低的地方，不要与强氧化剂、腐蚀性试剂、易燃液体试剂同存一处，远离热源，更不得有明火。

遇水燃烧品，如钾、钠等，应保存在煤油中，瓶塞要严密，存放于不会被撞倒、不会遇水的地方。

自燃试剂，如白磷，要保存于水中。

易燃气体，如其钢瓶，不得存放于室内，要存放于室外专设的通风干燥的气瓶室内。

氧化剂、腐蚀性试剂，不得与易燃、易爆品存放在一起。这两类试剂也不要在一起存放。

剧毒品，应设专人保管，现领现用，用后的剩余品不论是固体还是液体，都要及时交回保管人，做好使用登记记录。

液体有机试剂，一般不要和固体试剂存放于同一柜中，试剂和溶液要分别保存。

化学试剂溶液要装在细口瓶中，滴加使用的溶液应装在滴瓶中，见光易分解的应装在棕色瓶中。所有化学试剂溶液在存放过程中都应避免受热和强光照射。

所有试剂、溶液以及样品的盛装容器上都必须贴上标签，标签的大小与容器相称，标签书写要工整、完整和清晰；试剂最好使用原标签，配制的溶液、制剂包装上的标签，应写明名称、法定计量单位浓度、配制日期；样品包装标签上要有样品名称、采样日期、待检项目、送样单位、送样人、接样人等；长期使用的试剂、溶液以及样品的盛装容器上的标签，可涂蜡保护，以防腐蚀、磨损。

化学试剂溶液只能在其有效期内使用，如GB 601规定一般滴定分析用标准溶液在常温（15～25℃）下，使用期限不宜超过两个月，即使用两个月后其浓度须重新标定。

一般试剂溶液可按一般分类和浓度大小顺序排列存放，专用试剂溶液可按分析项目分组存放，便于取用。

第四节 化验室管理信息和文件资料的构建与管理

一、化验室管理信息的管理

在人类社会的各种活动中，总是伴随着各种相互间有形或无形的作用，这种作用实际上是信息传递的表现。所以，人们把能够产生相互间的作用且代表一定含义的信号、情报、消息及密码等统称为信息。信息是对客观世界中事物性状的反映，人们通常用语言、文字、图形等来反映各种事物，这些用语言、文字、图形等表达的资料经过解释，就是一般概念上的信息。化验室作为组织生产、科研等活动的组织系统，对作用于化验室并影响化验室目标任务完成的各种信息的管理是非常重要的。

1. 化验室管理信息的特性

（1）社会性　由于化验室的各项工作和社会大环境是密不可分的，反映化验室各种活动的管理信息也是在一定的社会背景下产生的，不能脱离社会而独立存在，因而具有社会可比性。这就要求管理信息标准化、规范化，以便于相互比较和借鉴。

（2）有效性　化验室管理信息能帮助管理者正确地决策和有效地管理，从而使化验室各种活动有效进行。所以，要求信息具有科学性和实用性，即要有实用价值。

（3）连续性和流动性　化验室组织管理过程始终处于动态之中，化验室管理信息也是在动态中产生的，具有连续性和流动性。管理者将根据不断出现的新信息，对原有的措施、规章、制度等作出新的修改或调整，以便实施新情况下的有效管理。

（4）与信息载体不可分性　化验室管理信息是由信息的内容（实体）和反映这些内容的语言、文字、图形（载体）构成的整体，信息不能脱离载体而独立存在。因此，管理者要研究对不同的信息内容采用不同的载体进行传输，使信息能快速、准确、可靠地发送和传达。

2. 化验室管理信息的分类

对于化验室来讲，能否及时获取有用的信息，直接关系到管理效率的高低。又因为各级单位的地位和职能不同，对信息的需求也不同，所以，对管理信息进行分类，有助于提取或提供所需的适当信息。

管理信息按不同情况分类，可有 8 种分类，其中较具代表性的有信息来源和管理层次两类。

（1）按信息来源分类　分为化验室外部信息流和化验室内部信息流。化验室外部信息流包括从外部环境流向化验室的内向流和从化验室流向其外部环境的外向流两类；化验室内部信息流是指当外部信息流入化验室后，与化验室内部信息作用而产生新的信息流，这些新的信息流分为纵向的化验室信息流（向上传递的和向下传递的）和横向的化验室信息流（化验室内部平级部门之间传递的），应及时地传递到有关部门。

（2）按管理层次分类　可分为上层、中层、基层所需的 3 类信息。上层所需的信息是重要和起决定性作用的信息，是企业最高领导层进行重大规划和决策所需的信息。如产品未来市场的前景、新的投资项目、重大技术改造项目等。一般这类信息的需要量较小，但要求信息综合、概括、抽象，且具有灵活性。中层所需的信息是控制性信息，是中层管理人员充分利用各种资源完成任务、实现目标所需要的信息。如部门人员岗位责任制、人员培训方案、奖惩激励办法等。基层所需的信息是业务性信息，是基层管理人员进行各项业务活动需要的信息。它是在活动过程中产生的，一般由基层管理人员负责收集和传递，并据以处理经常性的业务问题。一般来讲，这类信息的需求量较大，且要求信息详尽、具体、精确。

3. 管理信息的处理

（1）信息处理的特点和要求　信息处理的特点是原始数据量大，归纳整理烦琐，查找频率较高，要求时间性强，但计算本身的数学问题简单，用一般的数学运算和必要的逻辑判断就可以解决。在处理信息的过程中必须符合准确、及时和适用的要求。准确，就是信息要如实地反映化验室的实际情况；及时，就是信息传递的速度要快；适用，就是信息要符合实际需要。这样，就能使管理信息有效地发挥其作用。

（2）管理信息处理的内容　管理信息处理的内容包括收集、加工、传递、存储、检索和输出 6 个环节。

收集是指做好收集原始数据这一重要基础工作。收集时要有针对性，采集时间、数量和次数都要有明确规定，要保证原始资料的全面性和可靠性。

加工是指完成信息处理的基本内容。包括对信息进行分类、排序、计算选择等工作，这些工作都要服从化验室管理某项任务的要求，各项目的内容要有明确的内涵。

传递是指传递的信息在化验室组织中传递形成信息流。信息流具有周密的顺序和传递路线，为保证信息流的畅通，必须明确规定信息传递的责任制度，包括时间、地点、发信人、收信人等。信息传递分为向上传递与向下传递（称为纵向传递）和化验室内部平级部门之间传递（称为横向传递）。

存储是指将经过处理后的信息暂时存储起来，以便调用。经过处理后的信息，有时并非立即就使用，有时虽然立即使用，但日后还需用作参考，因此就需存储起来，建立档案，妥善保管。信息库存储的信息，必须经常更新。有的信息随着新信息的输入自动消除，存储新信息。有的信息随着新信息的输入，既保留旧信息，同时存储新信息。凡是需要的信息，必须存储起来，以保证各级管理人员充分了解和掌握职能范围内的信息情况，以便进行正确的决策和有效的组织与管理，促进化验室目标任务的完成。

检索是指迅速查找所需信息的方法和手段。为了方便地使用化验室信息系统中大量的信息资源，必须建立一套科学和快速查找信息的方法和手段。

输出是化验室信息系统将处理好的信息，按要求或需要，编印成各级管理人员或管理部门所需的各种报告、报表、文件等。例如各种统计报表、报告、计划、总结、规章制度、人员培训计划、人员考核结果、仪器设备购置计划、大型精密仪器操作规程等都是信息输出的形式。

二、化验室文件资料的分类

化验室文件资料一般分为管理性文件资料、工作过程性文件资料和技术性文件资料 3 大类。

1. 管理性文件资料

管理性文件资料是指导化验室开展各方面工作的法律法规、上级组织和相关管理机构的文件、化验室自身的管理性文件等。例如常见的管理性文件资料有：

① 国家和地方各级人民政府的质量管理法律、法规文件及附属资料；

② 行业管理机构的质量管理文件及附属资料；

③ 上级质量监督仲裁机构的监督检验、仲裁通告文件；

④ 用户质量投诉资料；

⑤ 企业的生产调度指令和质量管理制度；

⑥ 化验室质量管理手册，其中包括日常工作制度、各类人员岗位职责、仪器设备和分析检验工作质量控制等；

⑦ 化验室其他规章制度。

2. 工作过程性文件资料

工作过程性文件资料是指化验室及其管理部门在开展各项工作中的报告、讲稿、记录、总结以及各种工作处理材料等文件。例如常见的工作过程性文件资料有：

① 化验室年度工作计划和总结；

② 化验室年度仪器设备、相关材料购置计划；

③ 化验室人员培训和考核记录；

④ 化验室各类人员的年度工作考核结论；

⑤ 计量仪器、设备的性能检定证书；

⑥ 企业内部常规送检通知文本；

⑦ 企业有关管理部门的临时性工艺抽样检验指令；

⑧ 生产车间或班组及有关业务部门临时性抽检申请；

⑨ 各种分析检验的原始记录；

⑩ 日常检验和监督检验的分析检验报告书；

⑪ 上级技术监督检验机构对企业产品的抽样监督检验项目检验结果的通知文本；

⑫ 质量管理台账和其他与分析检验工作相关的报表等。

3. 技术性文件资料

技术性文件资料是指分析检验技术工作应遵循的技术指导文件或与分析检验工作技术上相关的文件资料。例如常见的技术性文件资料如下：

① 原辅材料、产品执行的国家技术标准或行业技术标准或地方技术标准；

② 企业化验室分析检验规程，包括原辅材料、中控分析、产品检验等分析方法；

③ 大型精密仪器设备操作规程、使用或对外服务记录；

④ 仪器设备技术档案、账卡和定期检查核对记录；

⑤ 仪器设备的维护保养和修理记录；

⑥ 科技信息、论文、书籍、书刊；

⑦ 其他技术资料或文件，包括国内外用户或单位、部门的产品质量以及其他与质量有关的咨询函件或文本；国内外同行业或相关行业质量管理、产品质量标准或质量改进等方面的交流资料。

三、化验室文件资料的构建与管理

1. 化验室文件资料的制定

在化验室的管理工作中，由于国家质量管理政策的调整、质量标准的变化等外部因素的影响和企业内部管理及化验室自身的运行与发展等，适时地制定相应的文件资料是必需的。化验室制定文件资料的过程可分为 3 个阶段，即准备阶段、形成文字阶段和修改阶段。

（1）准备阶段　主要包括认真领会国家的方针政策和上级的指示精神、收集相关的材料、研究化验室自身的实际和文件资料应起到的作用，确定基本观点，选择文体类别。

（2）形成文字阶段　主要包括合理安排结构、掌握规范格式、灵活熟练地运用语言。

（3）修改阶段　主要包括观点的订正、材料的增删、结构的调整、语言的锤炼和格式的审定。

2. 常用文体类别及要求

化验室文件资料的文体类别按组织系统和网络，分为上级行于下级的下行文、下级行于上级的上行文和同级之间的平行文。依据不同的行文关系，确定不同的文体类别、称谓、词语和语气，它们之间不能错用或混用。如下级可向上级用"请示""报告""函"等，但绝不能发"通报""指示"等；平级之间行文可用"函""通知"等，绝不能用"请示""报告"等。

（1）通告　是在一定范围内公布应当遵守或周知的事项时使用的一种文种，它具有公开性、告知性、限制性、强制性和广泛性的特点。通告一般分为法规政策类和具体事物类。

（2）通知　是发布行政法规和规章，转发上级、同级的公文，批转下级的公文，要求下级办理和需要周知或共同执行的事项时使用的一种文种。通知具有使用频率高、种类多、灵活、简便等特点。按形式可分为联合通知、紧急通知、补充通知等；按内容可分为发布性通知、指示性通知、批转性通知、告知性通知和会议通知等。

（3）通报　是上级将有关重要情况、先进经验、严重问题等告知下级时使用的文种。通报具有时效性、典型性和真实性特点，主要起到沟通情况、传达信息、交流经验、弘扬先进、批评错误、纠正问题，从而进一步推动工作的作用。通报一般分为通气性通报、表扬性通报和批评性通报。

（4）报告、请示　报告是下级向上级汇报工作、反映情况、提出建议时使用的文种。根据报告的内容、作用，可分为工作汇报性报告、请示批转性报告、情况反馈性报告和转报性报告。

请示是下级向上级请示指示、批准时使用的文种。根据请示的内容、作用，可分为请求批转性请示和请求批复性请示。

（5）批复　是上级答复下级请示事项时使用的文种。批复具有针对性、决定性、指示性特点。

（6）函　是同级之间相互商洽工作、询问和答复问题，或由下级向有关部门请示批准事项时使用的文种。函具有行文的广泛性、使用的多样性和写法的简便性特点。

（7）会议纪要　是根据会议的宗旨和目的将会议的基本情况、主要精神和议定事项，经过综合整理而形成的文种。会议纪要具有客观性、提要性特点，一般用于比较重要的会议，如办公会、工作例会、座谈会等。

（8）规定（暂行规定）　是指对某一方面工作或某类社会关系作出部分规定的规范时使用的文种。规定的特点是：所规定的事项涉及一方面或某类社会关系；规定的内容较灵活、直接、明确、具体；具有对现行法律、法规、规章制度的补充、完善、变通的功能。

（9）办法（实施办法）　是对某一种特定的条例、事项，确定其具体做法和实施方法的文种。办法具有直接、具体、明确、操作性强等特点，常常是某一条例、事项实施的具体化。

（10）细则（实施细则）　是指为贯彻实施法律、条例、规定、制度等而对某一方面的问题或某项工作作出具体、详细规定的文种。细则的特点是具有从属性，即是为具体实施某法、某条例或某规定或某项制度而制定的；细则的内容可以是某一法规全部内容的具体化，也可以是部分内容的具体化，还可以是专门依据某一"条"而引申制定的实施细则；具有针对主体法规进行延伸、补充、深化、完善的作用；具有较强的可操作性。

3. 化验室各类文件资料的建档

（1）化验室档案材料的分类 化验室档案材料是指在化验室建设、管理、分析检验、技术改造、新产品试验以及对外服务等活动中形成的具有保存价值的管理性文件、工作过程性文件和技术性文件。化验室档案应对档案材料按性质、内容、特点、相互之间的联系和差异进行分类。其类别应根据化验室的规模、任务量、工作水准等情况确定。常规的分类见表4-5。

表 4-5　化验室档案材料的分类

一 级 分 类	二 级 分 类	三 级 分 类
化验室人力资源建设与管理材料	化验室人员情况表	化验室人员汇总表;个人履历表
	化验室人员的变动	化验室人员考核晋级与职务聘任;化验室人员岗位培训计划与实施情况;化验室人员的奖惩材料
化验室建设文件和材料	化验室规划、计划和总结	化验室建设规划与执行检查、总结;化验室年度工作计划、总结
	化验室建立和撤销	新建、改建化验室的材料;化验室撤销的材料
	化验室基础设施	化验室建筑平面图、改造记录;水、电、气布置图及技术资料;防火、毒污染及防盗等安全资料
	化验室仪器设备及材料	固定资产、低质品、材料的账、卡;仪器设备的订货合同、使用说明书、合格证、装箱单;仪器设备验收、索赔记录;仪器设备的使用、借用、维修记录;仪器设备的技术改造、功能开发记录;仪器设备技术性能检定记录;自制仪器设备资料
化验室管理文件资料	上级文件、实施细则	有关行政法律法规、管理条例、规定、办法、实施细则
	各项规章制度	物资管理制度、经费使用制度、安全环保制度
	化验室信息统计资料	大型精密仪器设备使用效益统计表;管理系统框图及一览表
	化验室质量管理手册	组织结构框图;人员岗位责任制;分析检验工作质量控制及保证体系;日常工作制度
完成目标任务的文件材料	技术文件资料	技术标准;分析检验规程;分析检验项目;大型精密仪器设备操作规程;仪器设备技术档案
	分析检验、科研和对外服务的文件资料	分析检验原始记录、检验报告书;技术改造、新产品试验及成果鉴定材料;对外服务议定书和结果材料

（2）化验室建档材料的要求 第一，建档材料要具有完整性、准确性和系统性，首先做

好材料的收集、整理和筛选，然后按科学方法进行分类归档，并根据需要合理地确定建档材料的保存期限。对于保密文件应单独建档，同时写明保密级别。第二，建档材料要符合标准化、规范化的要求，建档的文件材料一般情况下应为原件，并要做到质地优良、格式统一、书写工整、装订整洁，不能用铅笔、圆珠笔书写。第三，建档手续要完备，建立必要的档案材料审查手续和档案管理移交手续。第四，建档材料要适合计算机管理，便于录入、统计、检索、打印和传输等。

任务拓展

工作任务 化学试剂的保存与管理

学习目标：

① 掌握化学试剂的分类及规格；

② 掌握化学试剂的存放要求；

③ 了解剧毒药品的保管、发放、使用管理制度。

仪器与试剂：

甲醇（优级纯）；氢氧化钠（分析纯）；重铬酸钾（基准试剂）；铬黑 T 指示剂；KHP 标准物质。

问题探究：

请指出以上试剂的存放要求。

【问题情境一】 药品储存室有哪些要求？

化验室只宜存放少量短期内需用的药品，较大量的化学药品应放在药品储存室内，须由专人保管。储存室应在阴面避光、通风良好、严禁明火，室内温度最好控制在 $15\sim20℃$，相对湿度在 $40\%\sim70\%$。

【问题情境二】 化验室试剂是如何存放的呢？对于使用有哪些要求？

化学试剂大部分都有一定的毒性，并且易燃易爆。对其加强管理不仅是保证分析数据质量的需要，而且是确保安全的需要。

（1）易燃易爆试剂应储存于铁柜（壁厚在 1mm 以上）中，柜子的顶部都有通风口；腐蚀性试剂宜放在塑料、搪瓷的盘或桶中，以防因瓶子破裂而造成事故；相互混合或接触后可以产生激烈反应、燃烧、爆炸、放出有毒气体的两种或两种以上的化合物称为不相容化合物，不能混放。

（2）药品柜和试剂溶液均应避免阳光直晒及靠近暖气等热源。

（3）化学试剂应定位放置，用后复位并节约使用，但多余的化学试剂不准倒回原瓶。

（4）要注意化学药品的存放期限，一些试剂在存放过程中会逐渐变质，甚至形成危害；发现试剂瓶上标签掉落或将要模糊时，应立即贴好标签。

【问题情境三】 化验室如何管理剧毒品？

（1）剧毒品仓库和保存箱必须双人双锁管理，两人同时到场才能开锁。

（2）领用单位必须双人领取、双人送还。

（3）对剧毒品发放时应准确登记（试剂的计量、发放时间和经手人）。

（4）使用剧毒试剂时一定要严格遵守分析操作规程。使用后产生的废液，应倒入指定的废液桶内，然后在指定的安全区域处理；要建立废液处理记录。

学后反思：

你所在实验室的试剂使用管理是否存在缺陷？有哪些缺陷呢？

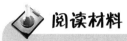 **阅读材料**

缘何引起仲裁分析

某玻璃制品生产企业从某纯碱生产销售企业购进一批工业纯碱用于生产玻璃瓶。当这批工业纯碱投入使用后，生产出的玻璃瓶质量出现严重问题。经企业多方面查找原因，最后确定是原料工业纯碱的质量不符合要求。该企业派人找到纯碱生产销售企业，提出对方的工业纯碱有质量问题，但对方的人员矢口否认。双方经多次交涉未果，于是玻璃制品生产企业将该纯碱生产销售企业告上法庭。

法庭受理此案件后，针对双方争执的焦点是那批工业纯碱的质量，于是便委托某仲裁分析机构分别到该纯碱生产销售企业取那批工业纯碱的留样和到该玻璃制品生产企业取未用完的那批工业纯碱样品。取到样品后，立即进行仲裁分析。仲裁分析的结果说明，确实是那批工业纯碱的质量不合格。法庭宣判该纯碱生产销售企业败诉。据法庭调查情况，该纯碱生产销售企业化验室分析检验系统存在诸多问题，如管理制度不健全，部分分析检验人员技能偏低、工作责任心不强。所以，分析检验工作质量未能得到整体保证，导致了不合格产品流入市场，给企业的经济和声誉造成了很大的损失。为什么会出现这样的后果？归根结底是管理者对化验室检验系统及管理重视不够。为什么不健全管理制度？为什么不加强分析检验人员的思想教育？为什么不对分析检验技能偏低的人员进行及时培训？由此看出，构建和管理好企业化验室检验系统是何等的重要。

 思考与练习题

一、填空题

1. 化验室检验系统的基本要素是由（   ）和（   ）两个方面组成。

2. 管理学不断追求的目标是（   ），（   ）。

3. 构建化验室检验系统的人力资源主要从（   ）和（   ）两方面考虑，其中人力资源包括（   ）、（   ）和（   ）3方面的结构。

4. 人力资源管理的方法包括（   ）、（   ）、（   ）和（   ）4个方面。

5. 仪器设备管理的任务主要包括（   ）、（   ）、（   ）、（   ）和（   ）5个方面。

6. 仪器设备购置计划管理包括（   ）、（   ）和（   ）3方面的工作。

7. 仪器设备的日常事务管理包括（   ）、（   ）、（   ）和（   ）4方面的工作。

8. 大型精密仪器设备管理的任务是（   ）、（   ）和（   ）3方面的工作。

9. 计算机系统的硬件主要包括由（   ）、（   ）和（   ）等组成的具体装置，如运算器、控制器、内存储器、外存储器和输入输出设备5大部分。前3部分合在一起称为（   ）或（   ）单元，后两部分被称为（   ）。计算机系统的软件，泛指为了使用计算机所必需的（   ）。

10. 化验室计算机系统的基本功能包括（   ）、（   ）、（   ）、（   ）和（   ）5个方面。

11. 化验室计算机系统的管理包括（   ）、（   ）和（   ）3方面。

12. 储备定额由（   ）和（   ）所组成，它们的含义分别是（   ）和（   ）。

13. 供应期方法是制定（   ）基本方法，它利用（   ）为基础来确定其储备定额。储备定额的计算公式为（   ）。

14. 材料及低值易耗品仓库管理工作的基本要求包括（   ）、（   ）和（   ）3方面。

15. 管理信息按不同情况分类，可有（　　）种分类，其中较具代表性的有（　　）和（　　）两类。

16. 管理信息处理的内容包括（　　）、（　　）、（　　）、（　　）、（　　）和（　　）6个环节。

17. 化验室文件资料主要包括（　　）、（　　）和（　　）3类。

二、选择题

1. 人力资源的特点包括（　　）。

A　能动性、再生性和相对性　　　　　B　物质性、可用性和有限性

C　可用性、相对性和有限性　　　　　D　可用性、再生性和相对性

2. 下列属于人力资源管理内容的是（　　）。

A　定编、定岗位职责、定结构比例和考核晋级

B　实行严格的聘任制

C　岗位培训和设立技术成果奖

D　加强思想政治教育工作

3. 应列为固定资产进行专项管理的是（　　）。

A　一般仪器　　　　　　　　　　　　B　耐用期1年以上且非易损的一般仪器设备

C　低值仪器设备　　　　　　　　　　D　化学试剂

4. 大型精密仪器设备的管理主要有（　　）。

A　计划管理、技术管理、经济管理3个方面的管理

B　技术管理、经济管理和使用管理考核3个方面的管理

C　经济管理和使用管理考核两方面的管理

D　计划管理、技术管理、经济管理和使用管理考核4个方面的管理

5. 计算机系统运算器的作用是（　　）。

A　在控制器的指挥下，对内存储器里的数据进行运算、加工和处理等

B　指挥计算机协调工作

C　将信息转换成电脉冲输入机器的存储器中

D　存储原始数据、最终结果和计算程序等

6. 我国按化学试剂的纯度进行分类，共分为（　　）。

A　7种　　　　　　B　10种　　　　　　C　5种　　　　　D　4种

7. 属于化验室管理信息特性的是（　　）。

A　社会性、有效性、连续性和流动性、与信息载体不可分性

B　物质性和有效性

C　社会性、有效性和实用性

D　连续性和流动性以及广泛性

8. 常见的管理性文件资料有（　　）。

A　7方面的文件资料　　　　　　　　B　2方面的文件资料

C　3方面的文件资料　　　　　　　　D　8方面的文件资料

9. 化验室文件资料的制定包含（　　）。

A　3个阶段　　　　B　2个阶段　　　　C　4个阶段　　　　D　6个阶段

三、问答题

1. 如何理解化验室检验系统定义的内涵？依据什么来构建化验室检验系统？同时应该注意哪些问题？

2. 怎样理解人力资源管理的定义及其内涵？

3. 如何构建化验室检验系统的人力资源？

4. 如何理解仪器设备和材料管理的意义？

5. 仪器设备的计划包括哪几方面的工作？

6. 仪器设备的技术管理包括哪几方面的工作？

7. 仪器设备的经济管理包括哪几方面的工作？

8. 化验室计算机系统的基本要求有哪些？

9. 化验室材料管理有哪几方面的工作？有哪些意义或作用？何为材料的定额管理？有什么作用？

10. 简述 ABC 分析法在材料定额管理中的应用。

11. 化学试剂、通用化学试剂有哪些分类？分类的依据是什么？

12. 以化学试剂为主的材料在使用、保管、存放时应注意哪些事项？

13. 如何理解化验室管理信息管理的作用？

14. 化验室文件资料和建档文件材料的分类有哪些联系和区别？对建档文件材料有哪些要求？

15. 化验室文件资料通常有哪些文种？各文种的要求是什么？

第五章
化验室质量与标准化管理

知识目标

1. 了解质量管理的发展过程和质量管理体系的内容。

2. 了解化验室在生产中的质量职能，掌握质量检验在质量管理中的作用。

3. 了解化工标准化的特点及体系，理解标准分类的内容，掌握标准的概念、标准代号与编号的意义和标准化的基本原理。

4. 了解"认证和认可"制度的发展过程、含义及质量管理体系认证工作程序，理解"认证和认可"的意义。

5. 掌握实验室认可的基本条件和基本程序。

能力目标

1. 根据化验室质量检验在质量管理中的作用要求，结合下厂实习的实践，能够设计产品质量的信息反馈系统方案。

2. 根据实验室认可的基本条件和基本程序，结合对已取得 CNAS 机构认可的实验室的参观或实习情况，能够制定本校化验室认可的实施计划。

第一节　质量管理的发展阶段

随着现代科学技术的飞速发展，生产和贸易都已跨越了国界，形成了经济全球化的格局。世界各国之间在加强技术和信息交流的同时，也对产品质量不断提出更新更高的要求。人们为了能持续稳定地获得高质量的产品，不仅更注重产品的自身质量，而且越来越关注产品生产组织的质量管理。

质量管理在现代社会中的地位和作用，随着现代社会生产力和国际贸易的发展而日显重要，世界各国对质量管理理论的探索也日益深化。在管理学领域中，"质量管理"已成为一枝独秀、方兴未艾的一门软科学。

一、质量管理的三个发展阶段

"质量管理"作为 20 世纪的一门新兴科学，从现实需要到理论提高再到实践运用，其发展历程大体上经历了质量检验、统计质量控制、全面质量管理 3 个阶段。

1. 质量检验阶段（1920～1940 年）

在这段时期内，世界各国，尤其是经济发展活跃的一些国家，随着工业化的到来，普遍建立了产品质量检验制度，也形成了一支专门从事检验工作的人员队伍，在产品加工过程中和出厂交付前进行质量检验把关。当时的专职检验工作主要是按照各企业或行业编制的文件规定要求，采取有效的检验方法，对产品进行检验和试验，从而作出合格或不合格的判定。这对保证产品质量，维护工厂信誉起了不少作用，但是，这些专职检验工作只是使产品的废品次品没有流向社会，却给工厂造成了损失。所以，在这段时期的发展过程中，人们渴望有一种方法可以科学预防不合格产品的形成，以减少经济损失。因此，质量管理就从质量检验阶段逐步发展到了统计质量控制阶段。

2. 统计质量控制阶段（1940～1960 年）

世界各国之所以把统计质量控制阶段的时期划分在 1940～1960 年，是因为在这一时期中，世界各国广泛运用了统计质量控制的主要方法之一——"数理统计"。

早在 1931 年，美国休哈特、戴明等人已提供出了抽样检验的概念，他们首先把数理统计方法引入了质量管理领域。第二次世界大战期间，军事工业得到了迅猛发展，各参战国均认识到武器质量对于战争胜败而言是至关重要的，因而把更多的精力投入到了对武器生产厂商质量管理的研究上。美国国防部组织了统计质量控制的专门研究，明确规定了各种抽样检验的方案，对生产过程中的质量进行控制。控制图也可称为管理图，是统计过程控制（SPC）的重要工具之一，其最大的好处是及时发现过程中的异常现象和缓慢变异等系统误差，预防不合格的发生。这些统计质量控制主要是运用数理统计方法，根据生产过程中质量波动的规律性，及时采取措施，消除产生波动的异常因素，使整个生产过程处于正常的受控状态下，从而以较低的质量成本生产出较高质量的产品。美国国防工业运用统计质量控制的成功经验，不仅使其本身获利，并且带动了各国的民用工业而风靡全球。因此，质量管理就从统计质量控制阶段逐步向全面质量管埋阶段发展。

3. 全面质量管理阶段（1960 年至今）

如果说在质量检验阶段，专职检验员的数据为杜绝废品次品出厂起了重要作用的话，那么，在统计质量控制阶段，数理统计方法的运用可使整个生产过程处于受控制状态之下，从而对减少成批废品次品的产生起到了一定的预防作用。

但是，随着现代科学技术日新月异的发展，数以亿万计的高科技新产品相继问世，许多投资金额可观、规模特大、涉及人身安全的产品和项目纷纷在 20 世纪下半叶登场亮相，从而促使人们对质量管理概念的不断更新和更持续的发展。随着现代化系统工程科学地应用于管理领域，同时也赋予了质量更新更深刻的内涵，质量管理的活动也从单纯重视生产现场的加工过程向产品形成的前后、采购、销售、服务等全过程延伸；人类工效学的问世，也使人们对质量管理中全员参与、人员素质的重要作用有了更现代化的观念更新。以上各种关于质量管理概念和观念的更新，使得质量管理的发展从 20 世纪 60 年代起进入了第三个阶段——全面质量管理阶段。在全面质量管理过程中，现在应用最广泛的是 ISO 9000 标准。

二、2015 版 ISO 9000 族标准

1. 2015 版 ISO 9000 族标准的构成

ISO 是"国际标准化组织"的简称，ISO 9000 族标准是指由 ISO 发布的有关质量管理

的一系列国际标准、技术规范、技术报告、手册和网络文件的统称。

2015 版 ISO 9000 族标准的文件主要由"4 个核心标准、1 个相关标准、6 个技术报告和 2 个小册子"等构成，见表 5-1。

表 5-1　2015 版 ISO 9000 族标准文件结构

核心标准	相关标准	技术报告	小册子
ISO 9000 ISO 9001 ISO 9004 ISO 19011	ISO 10012	ISO/TR 10006 ISO/TR 10007 ISO/TR 10013 ISO/TR 10014 ISO/TR 10015 ISO/TR 10017	质量管理原理　选择和使用指南 ISO 9001 在小型企业中的应用指南

ISO 9000:2015 版标准相对于 2008 版结构上由原来的 8 个章节变更为 10 个章节；内容上删减了质量手册、管理者代表和预防措施等，增加了组织的环境、风险管理、最高管理者的责任、绩效评估与变更管理和应急措施等。

整体上 2015 版标准强调了组织的环境，扩大了对利益相关方的关注，加强了领导作用，提出了对风险和机会的应对要求，淡化了对文件的指定性要求。

2. 2015 版标准主要内容简介

（1）ISO 9000:2015 标准《质量管理体系　基础和术语》　该标准阐述了质量管理体系的理论基础和指导思想，确定和统一了术语概念，明确标准中基本概念和原则的适用范围，简述了 7 项质量管理原则，规定了质量管理体系的 138 个术语，并强调本标准给出的术语和定义适用于所有 ISO/TC176 起草的质量管理和质量管理体系标准。

（2）ISO 9001:2015 标准《质量管理体系　要求》　标准分"引言"和"范围"、"规范性引用文件""术语和定义""组织环境""领导作用""策划""支持""运行""绩效评价""持续改进"十章。

标准强调了组织的环境，提出了对风险和机会的应对要求，加强了领导作用，扩大了对利益相关方的关注，淡化了对文件的指导性要求，标准规定的要求旨在为组织的产品和服务提供信任，从而增强顾客满意度，更加关注运作活动的结果。

（3）ISO 9004:2009 标准《追求组织的持续成功　质量管理方法》　标准包括"范围""规范性引用文件""术语和定义""组织持续成功的管理""战略和方针""资源管理""过程管理""监视、测量、分析和评审""改进、创新和学习"九章。标准遵循 PDCA 的思路，系统、明确地描述了组织生产经营管理的全部内容并提出了要达到"持续成功"的指南。

（4）ISO 19011:2018 标准《管理体系　审核指南》　标准对管理体系审核提供了指南，包括审核的原则、审核方案的管理和管理体系审核的实施，以及对参与管理体系审核过程的人员的能力提供了评价指南。对于化验室的质量管理，我们将重点学习其中与质量管理体系有关的内容。

三、质量管理体系

1. 总要求

组织应按该国际标准的要求建立质量管理体系，形成文件，加以实施和保持，并持续改进其有效性。

① 识别质量管理体系所需的过程及其在组织中的应用；

② 确定这些过程的顺序和相互作用；

③ 确定为确保这些过程有效运作和控制所要求的准则和方法；

④ 确保可获得必要的资源和信息，以支持这些过程的有效运作和监视；

⑤ 监视、测量和分析这些过程；

⑥ 实施必要的措施，以实现对这些过程所策划的结果和对这些过程的持续改进。

组织应按照该国际标准的要求管理这些过程。

质量管理体系就是在质量方面指挥和控制组织的管理体系，它通过一组相互关联或相互作用的要素的应用，达到建立质量方针和质量目标，并实现质量目标的目的。因此，组织在按照标准的要求建立管理体系时，应综合考虑影响管理、技术、资源、过程、供方等因素，使之达到最佳的组成，构成协调一致的整体，最终达到不断满足顾客要求、持续改进质量管理体系的有效性、实现质量目标的目的。

2. 建立和实施质量管理体系

一般包括如下过程：

① 对现行状态的分析和管理方法的策划；

② 过程的运作；

③ 持续改进过程的建立。

3. 质量管理体系的特征

质量管理体系是动态的，随着组织内部和外部环境的变化，特别是顾客需求和期望的变化，应对现行的管理方法不断进行调整。因此组织应及时收集、分析、评审变更的需求，需要时按照建立和实施质量管理体系的步骤对现行过程进行重组。

4. 质量管理体系的基本工作方法

标准对质量管理体系的总要求体现了 PDCA 循环（即策划—实施—检查—行动）的基本工作方法，PDCA 的方法可用于识别和控制所有过程的有效性。例如利用 PDCA 循环对质量目标的控制：

P——策划。根据组织的现状、需要管理的重点和薄弱环节等因素以及质量方针的要求，在相关职能和层次上建立质量目标。确定对实现质量目标有影响的过程，建立过程的运作方式和要求。

D——实施。实施并运作过程。

C——检查。对质量目标的实现状况进行监视和测量并报告结果。

A——行动。发现偏差时采取必要措施，以持续改进对质量目标有影响过程的业绩。

5. 质量管理体系中有关质量和质量管理的术语

（1）与质量和质量管理有关的主要术语

质量（quality）：一组固有特性满足要求的程度。

特性（characteristic）：可区分的特征。

要求（requirement）：明示的、通常隐含的或必须履行的需求或期望。

质量方针（quality policy）：由组织的最高管理者正式发布的该组织总的质量宗旨和方向。

组织（organization）：职责、职权和相互关系得到安排的一组人员及设施。

组织机构（organizational structure）：人员的职责、权限和相互关系的安排。

质量管理（quality management）：在质量方面指挥和控制组织的协调的活动。

体系（system）：相互关联或相互作用的一组要素。

质量管理体系（quality management system）：在质量方面指挥和控制组织的管理体系。

质量策划（quality planning）：质量管理的一部分，致力于制定质量目标并确定必要的运行过程和相关资源以实现质量目标。

质量控制（quality control）：质量管理的一部分，致力于满足质量要求。

质量保证（quality assurance）：质量管理的一部分，致力于提供质量要求会得到满足的信任。

质量改进（quality improvement）：质量管理的一部分，致力于增强满足质量要求的能力。

持续改进（continual improvement）：增强满足要求的能力的循环活动。

质量计划（quality plan）：对特定的项目、产品、过程或合同，规定由谁及何时应使用哪些程序和相关资源的文件。

过程（process）：一组将输入转化为输出的相互关联或相互作用的活动。

产品（product）：过程的结果。

质量特性（quality characteristic）：产品、过程或体系与要求有关的固有特性。

质量手册（quality manual）：规定组织质量管理体系的文件。

信息（information）：有意义的数据。

检验（inspection）：通过观察和判断，适当时结合测量、试验所进行的符合性评价。

试验（test）：按照程序确定一个或多个特性。

验证（verification）：通过提供客观证据对规定要求已得到满足的认定。

审核（audit）：为获得审核证据并对其进行客观的评价，以确定满足审核准则（用作依据的一组方针、程序或要求）的程度所进行的系统的、独立的并形成文件的过程。

（2）产品质量与工作质量

① 产品质量。产品可以分为两大类，即有具体实物产物的有形产品〔包括硬件（如发动机机械零件）、流程性材料（如润滑油）〕和没有具体实物产物的无形产品〔包括服务（如运输）、软件（如计算机程序、字典）〕。前者又常被称为"货物"。

现实生活中，人们所接收的商品往往是由不同类别的产品构成的如在购买仪器设备时，除了获得仪器本身外，还同时获得该仪器设备的使用方法和维修保养承诺等。

产品质量通常以质量特性来表达，包括各种固有的或赋予的、定性的或定量的、各种类别的特性，具体表现为各种物理的（如机械的、电的、化学的或生物的特性）、感官的（如嗅觉、触觉、味觉、视觉、听觉）、行为的（如礼貌、诚实、正直）、时间的（如准时性、可靠性、可用性）、人体工效的（如生理的特性或有助于人身安全的特性）、功能的（如飞机的最高速度）特性。在日常工作和日常生活中人们又往往把产品的质量特性归纳为如下8个方面。

a. 性能：产品为满足使用目的所具备的技术特性。

b. 安全性：产品在制造、储存和使用过程中，保证人员与环境免遭危害的程度。

c. 使用寿命：产品能够正常使用的期限。

d. 可靠性：产品在规定的条件下和规定的时间内，完成规定功能的能力。

e. 维修性：产品寿命周期内的故障能方便地修复。

f. 经济性：产品从设计、制造到整个使用寿命周期的成本大小。

g. 节能性：产品在制造到使用过程中的能量消耗。

h. 环保性：产品从制造、使用到失效并成为废物及其最后处置对环境的损害程度。

在具体管理上，往往是把产品的质量特性（或"代用"质量特性）用技术指标加以量化，以衡量产品的优劣。各种检验室对产品进行的质量检验，基本依据也是这些技术指标。

② 工作质量。产品（或服务）是人们劳动的结果，因此产品（或服务）质量的优劣与从事该项生产（或服务）工作的人的工作好坏有密切关系。

人们经常以工作质量来评价人的工作的好坏，由于所有的人都是围绕着产品的生产（或服务）而工作，因而可以把它视为与产品（或服务）质量有关的工作对产品（或服务）质量的保证程度。

具体的人，其工作质量又与其个人的素质密切相关，换言之，企业的产品（或服务）的质量受制于企业各部门成员的素质，更具关键意义的是起主导作用的企业领导层的素质。

直接从事生产的部门和人员，工作质量通常以产品合格率、废品率、返修率及优质品率等技术指标进行衡量。

非直接生产部门及人员，则以其在产品从设计、试验开始到售后服务的全过程中，旨在使产品具有一定的质量特征而进行的全部活动，即质量职能的执行程度为考核。

一般地说，部门的质量职能完成程度是部门人员工作质量的综合反映。

按照现代的质量观点，产品（或服务）质量是组织（企业）各部门及人员工作质量的反映。因此，只有抓好各个部门、各个相关环节的人员工作质量，产品（或服务）的质量才能够得到保证。或者说，只有部门和人员的工作质量有了提高，产品（或服务）的质量才可能得到提高。现代质量观是把对产品（或服务）质量的管理重点转移到产品（或服务）的质量的形成过程之中，甚至提前到策划、设计阶段，实施"预防"的管理，从而使产品（或服务）质量产生飞跃。

第二节　化验室在质量管理中的作用

化验室是企业的专职质量检验机构，一方面对企业产品的生产进行质量检验，为企业的生产服务，另一方面产品质量检验是具有法律意义的技术工作，客观上发挥了代表用户对企业生产的监督和对企业产品检查验收的作用。化验室在企业质量管理工作中是一个独立的工作机构，直属企业负责人领导。

由于产品质量检验工作的意义，无论是传统的质量管理还是当今社会流行的现代质量管理，化验室在企业质量管理工作中都有举足轻重的重要地位。

一、化验室在生产中的质量职能

① 认真贯彻国家关于产品（或服务）质量的法律、法规和政策，制定和健全本企业有关质量管理、质量检验的工作制度。

② 确立质量第一和为用户服务的思想，充分发挥质量检验对产品质量的保证、预防和报告职能，以保证进入市场的产品符合质量标准，满足用户需要。

③ 参与新产品开发过程的审查和鉴定工作。

④ 严格执行产品技术标准、合同和有关技术文件，负责对产品生产的原材料进货验收、工序和成品检验，并按规定签发检验报告。

⑤ 发现生产过程中出现或将要出现大量废品，而尚无技术组织措施的时候，应立即报告企业负责人，并通知质量管理部门。

⑥ 指导、检查生产过程的自检、互检工作，并监督其实施。

对违反工艺规程的现象和忽视产品质量的倾向，有权提出批评、制止并要求迅速改正，不听规劝者有权拒检其产品，并通知其领导和有关管理部门。

⑦ 认真做好质量检验原始记录和分析工作并按日、周、旬、月、季、年编写质量动态报告，向企业负责人和有关管理部门反馈，异常信息应随时报告。

⑧ 参与对各类质量事故的调查工作，追查原因，按"三不放过"原则组织事故分析，提出处理意见和限期改进要求。遇有重大质量事故，应立即报告企业负责人及上级有关机构。

⑨ 对企业负责人作出的有关产品质量的决定有不同意见的，有权保留意见，并报告上级主管部门。

⑩ 负责发放、管理企业使用的计量器具，做好量值传递工作。对生产中使用的工具、仪表、计量器具等，按计量管理规范定期进行检验（或送检），以保证其计量性能及生产原始基准的精确性。对未按期送检定的仪器、仪表、计量装置，有权停止使用。

⑪ 加强自身建设，不断提高检验人员的思想素质、技术素质和工作质量，确保专职检验人员的质量管理前卫作用。

⑫ 加强质量档案管理，确保质量信息的可追溯性。

⑬ 积极研究和推广先进的质量检验和质量控制方法，加速质量管理和检验现代化。

⑭ 积极配合有关部门做好售后服务工作，努力收集用户信息并及时反馈。

⑮ 制定、统计并考核各个生产车间、部门的质量指标，并作出评价。某厂质量信息反馈系统见图5-1。

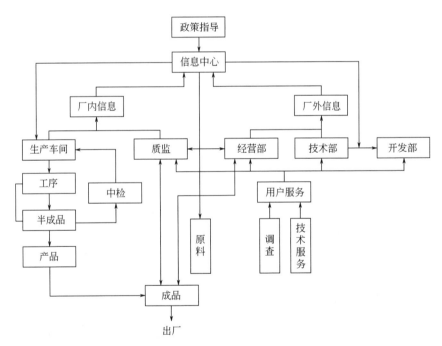

图 5-1　某厂质量信息反馈系统

二、质量检验在质量管理中的作用

1. 质量检验

质量检验是运用一定的方法，测定产品的技术特性，并与规定的要求进行比较，作出判断的过程。

质量检验是化验室的核心工作，也是完成化验室部门职责的基础。通常由如下要素构成。

① 定标：明确技术指标，制定检验方法。

② 抽样：随机抽取样品，使样品对总体具有充分的代表性。如需要进行"全数检验"者，则不存在"抽样"问题。

③ 测量：对产品的质量特征和特性进行"定量"的测量。

④ 比较：将测量结果与质量标准进行比较。

⑤ 判定：根据比较结果，对产品进行合格性判定。

⑥ 处理：对不合格产品做出处理，包括进行"适用性"判定。

⑦ 记录：记录数据，以反馈信息、评价产品和改进工作。

2. 质量检验的职能

（1）保证职能　通过检验，保证凡是不符合质量标准而又为经济适用性判定的不合格品不会流入下道工序或者市场，严格把关，保证质量，维护企业信誉。

（2）预防职能　通过检验，测定工序能力以及对工序状态异常变化的监测，获得必要的信息，为质量控制提供依据，以及时采取措施，预防或减少不合格产品的产生。

（3）报告职能　通过对监测数据的记录和分析，评价产品质量和生产控制过程的实际水平，及时向企业负责人、有关管理部门或上级质量监管机构报告，为提高职工质量意识、改进设计、改进生产工艺、加强管理和提高质量提供必要的信息。

在传统的质量管理中，检验部门实际上只行使了其"保证职能"。而现代质量管理要求充分发挥质量检验的"三职能"的作用。

三、化验室质量体系的运作

① 依据 CNAS RL01:2018《实验室认可规则》，不断增强建立良好化验室的信心和机制。

② 建立监督机制，保证工作质量。

化验室质量体系建立的目的是明确的。但是，体系的运行如果缺乏必要的监督，则其效果和效率将难以保证。

③ 通过对化验室质量体系工作的监督，使化验室的日常检验工作处于严密的控制之下，化验室的检验数据和其他信息的可靠性、准确性也就能够不断地提高，从而达到正确指导生产控制的目的，促进企业产品质量的稳定提高。

④ 认真开展审核和评审活动，促进体系的完善。经常地开展审核和评审活动，可以使人们发现自己的不足，发现组织的差距，同时也产生促进体系完善的动力。

⑤ 加强纠正措施落实，改善体系运行水平。加强纠正措施的落实，从而使人们及时地从错误中吸取教训，获得经验的积累，充分地发挥质量体系的特殊优势——强有力的监督机制和运行记录的作用，将有利于改善体系的运行水平。

⑥ 努力采用新技术，提高检测能力。质量体系的运行，不但对质量检验工作质量的提高是强有力的促进，而且随着社会生产的发展，对质量检验工作不断提出新要求，化验室必须不断改善自己的技术能力，不断地吸收、采用新技术。因而，对化验室的质量管理，也是推动化验室技术水平提高的重要动力。

⑦ 加强质量考核，促进质量职能落实。只有高质量的检验，才能保证对企业生产进行有效的质量监督，实现化验室的质量职能。

为此，必须对化验室人员实行经常性的质量考核，通过考核发现和查明各种不良影响因素，并加以克服和消除，促进工作人员工作质量的提高，从而实现检验工作的高质量，使化验室的质量职能得到真正的落实。

第三节　标准与标准化管理

人类的生产活动，从市场调查、产品设计到生产出产品并完成产品的销售、售后服务，即质量环节的整个活动，我们可以把它看成一个整体系统。这个整体系统又由设计系统、设备制造系统、设备安装系统、工艺系统、原材料供应系统和产品销售系统、产品质量检验和监督系统、标准化系统等分系统组成。在生产活动中，标准化之所以成为一个系统和一门系统工程，是因为组成标准化系统的系统功能能把许多杂乱无章的活动建立起秩序（即制定为标准），从而更好地为人类创造财富（即通过贯彻标准实现）。

在标准化系统中，每一项活动都是依据相应的标准化文件（如标准、标准规范、标准化指导性技术文件等）进行的。因此，标准化系统和构成产品生产的其他系统一样，都是为了一个共同的目的而起着各自特有的功能。

一、标准与标准化

1. 标准

（1）标准的定义　为在一定的范围内获得最佳秩序，对活动或其结果规定共同的和重复使用的规则、导则或特性的文件，称为标准。该文件经协商一致制定并经一个公认机构的批准。标准应以科学、技术和经验的综合成果为基础，以促进最佳社会效益为目的。

（2）标准的分类　由于标准种类极其繁多，可以根据不同的目的，从不同角度对标准进行分类，比较通行的方法有 3 种，即标准的层次分类法、标准的约束性分类法、标准的性质分类法。

① 按标准的层次分类。从世界范围基本可分为国际标准、区域标准、国家标准、行业标准、企业标准 5 类。国际标准是由国际标准化组织（ISO）和国际电工委员会（IEC）制定的标准（包括由国际标准化组织认可的国际组织所制定的标准）。国际标准为国际上承认和通用。区域标准又称地区标准，是世界区域性标准化组织制定的标准，如欧洲标准化委员会（CEN）制定的欧洲标准。这种标准在区域范围内有关国家通用。国家标准是在一个国家范围内通用的标准。行业标准是在某个行业或专业范围内适用的标准，也称为协会标准。企业标准是由企业制定的标准。

我国根据标准发生作用的范围或标准审批机构的层次，将标准分为 4 类，即国家标准、行业标准、地方标准、企业标准。

a. 国家标准：对需要在全国范围内统一的技术要求，由国务院标准化行政主管部门制定国家标准。

b. 行业标准：对于没有国家标准而又需要在全国某个行业范围内统一的技术要求，由国务院有关行政主管部门制定行业标准。

c. 地方标准：对没有国家标准和行业标准而又需要在省、自治区、直辖市统一的工业产品的安全、卫生要求，由省、自治区、直辖市标准化行政主管部门制定地方标准。

d. 企业标准：企业生产的产品没有国家标准或行业标准，由企业制定企业标准。对已有国家标准或行业标准，国家鼓励企业制定严于国家标准或行业标准的企业标准。企业标准只在企业内部适用。

② 按标准的约束性分类，可分为强制性标准和推荐性标准。根据中华人民共和国标准化法的规定，保障人体健康、人身财产安全的标准和法律及行政法规规定强制执行的标准是

强制性标准，例如，药品、食品卫生、兽药、农药和劳动卫生、产品生产、储运和使用中的安全及劳动安全、工程建设的质量、安全、卫生等标准。其他标准是推荐性标准。

③ 按标准的性质分类，可分为技术标准、管理标准和工作标准。

a. 技术标准是对标准化领域中需要协调统一的技术事项所制定的标准，主要包括基础标准、产品标准、方法标准、安全标准、卫生标准和环保标准等。

b. 管理标准是对标准化领域中需要协调统一的管理事项所制定的标准。"管理事项"主要指在营销、采购、设计、工艺、生产、检验、能源、安全、卫生、环保等管理中与实施技术标准有关的重复性事物和概念。管理标准主要包括各种技术管理、生产管理、营销管理、劳动组织管理以及安全、卫生、环保、能源等方面的管理标准。

c. 工作标准是对标准化领域中需要协调统一的工作事项所制定的标准。"工作事项"主要指在执行相应技术标准与管理标准时，与工作岗位的职责、岗位人员的基本技能、工作内容、要求与方法、检查与考核等有关的重复性事物和概念。工作标准主要包括通用工作标准、分类工作标准和工作程序标准。

（3）我国标准的代号和编号

① 国家标准的代号由大写汉字拼音字母构成。强制性国家标准代号为"GB"；推荐性国家标准的代号为"GB/T"。

国家标准的编号由国家标准的代号、标准发布顺序号和标准发布年代号（4位数组成）。

强制性国家标准编号：

推荐性国家标准编号：

国家实物标准（样品），由国家标准化行政主管部门统一编号，编号方法为采用国家实物标准代号（为汉字拼音大写字母"GSB"）加《标准文献分类法》的一级类目、二级类目的代号及二级类目范围内的顺序、4位数年代号相结合的办法，如：

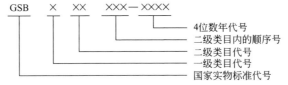

② 行业标准的代号和编号由汉字拼音大写字母组成。行业标准的编号由行业标准代号、标准发布顺序及标准发布年代号（4位数）组成。

强制性行业标准编号：

推荐性行业标准编号：

2. 标准化

标准化是为在一定的范围内获得最佳秩序，对实际的或潜在的问题制定共同的和重复使用的规则的活动。它包括制定、发布及实施标准的过程。标准化的重要意义是改进产品、过程和服务的适用性，防止贸易壁垒，促进技术合作。为适应经济全球化的需要，我国的一项重要技术经济政策是采用国际标准和国外先进标准。到 1999 年底，我国的国家标准中，采用国际标准和国外先进标准的已达到 43.6%，重点行业的国际标准采用标准率已达 60%，一些重要产品已按国际标准和国外先进标准组织生产，近几年来更加快了采用国际和国外先进标准的步伐。目前，我国基本形成了以国家标准为主，行业标准、地方标准衔接配套的标准体系。标准化工作已对提高我国产品质量、工程质量和服务质量，规范市场秩序，发展对外贸易，促进国民经济的持续快速健康发展发挥了重要保证和技术支持作用。

（1）标准化的基本原理　　标准化的基本原理通常是指统一原理、简化原理、协调原理和最优化原理。

统一原理就是为了保证事物发展所必需的秩序和效率，对事物的形成、功能或其他特性确定适合于一定时期和一定条件的一致规范，并使这种一致规范与被取代的对象在功能上达到等效。统一原理具有以下特点：

① 统一是为了确定一组对象的一致规范，其目的是保证事物所必需的秩序和效率；

② 统一的原则是功能等效，从一组对象中选择确定一致规范，应能包含被取代对象所具备的必要功能；

③ 统一是相对的，确定的一致规范只适用于一定时期和一定条件，随着时间的推移和条件的改变，旧的统一就要由新的统一所代替。

简化原理就是为了经济有效地满足需要，对标准化对象的结构、形式、规格或其他性能进行筛选提炼，剔除其中多余的、低效能的、可替换的环节，精炼并确定出满足全面需要所必要的高效能的环节，保持整体构成精简合理，使之功能效率最高。简化原理的特点是：

① 简化的目的是为了经济，使之更有效地满足需要；

② 简化的原则是从全面满足需要出发，保持整体构成精简合理，使之功能效率最高。所谓功能效率系指功能满足全面需要的能力；

③ 简化的基本方法是对处于自然状态的对象进行科学的筛选提炼，剔除其中多余的、低效能的、可替换的环节，精炼出高效能的满足全面需要所必要的环节；

④ 简化的实质不是简单化而是精炼化，其结果不是以少替多，而是以少胜多。

协调原理就是为了使标准的整体功能达到最佳，并产生实际效果，必须通过有效的方式协调好系统内外相关因素之间的关系，确定为建立和保持相互一致、适应或平衡关系所必须具备的条件。协调原理的特点是：

① 协调的目的在于使标准系统的整体功能达到最佳并产生实际效果；

② 协调对象是系统内相关因素的关系以及系统与外部相关因素的关系；

③ 相关因素之间需要建立相互一致关系（连接尺寸）、相互适应关系（供需交换条件）、相互平衡关系（技术经济招标平衡，有关各方利益矛盾的平衡），为此必须确立条件；

④ 协调的有效方式是有关各方面的协商一致、多因素的综合效果最优化、多因素矛盾的综合平衡等。

按照特定的目标，在一定的限制条件下，对标准系统的构成因素及其关系进行选择、设计或调整，使之达到最理想的效果，这样的标准化原理称为最优化原理。

（2）标准化的主要作用　标准化的主要作用表现在以下 10 个方面。

① 标准化为科学管理奠定了基础。所谓科学管理，就是依据生产技术的发展规律和客观经济规律对企业进行管理，而各种科学管理制度的形成都以标准化为基础。

② 促进经济全面发展，提高经济效益。标准化应用于科学研究，可以避免在研究上的重复劳动；应用于产品设计，可以缩短设计周期；应用于生产，可使生产在科学的和有秩序的基础上进行；应用于管理，可促进统一、协调、高效率等。

③ 标准化是科研、生产、使用三者之间的桥梁。一项科研成果，一旦纳入相应标准，就能迅速得到推广和应用。因此，标准化可使新技术和新科研成果得到推广应用，从而促进技术进步。

④ 随着科学技术的发展，生产的社会化程度越来越高，生产规模越来越大，技术要求越来越复杂，分工越来越细，生产协作越来越广泛，这就必须通过制定和使用标准，来保证各生产部门的活动，在技术上保持高度的统一和协调，以使生产正常进行。所以，我们说标准化为组织现代化生产创造了前提条件。

⑤ 促进对自然资源的合理利用，保持生态平衡，维护人类社会当前和长远的利益。

⑥ 合理发展产品品种，提高企业应变能力，以更好地满足社会需求。

⑦ 保证产品质量，维护消费者利益。

⑧ 在社会生产组成部分之间进行协调，确立共同遵循的准则，建立稳定的秩序。

⑨ 在消除贸易障碍、促进国际技术交流和贸易发展、提高产品在国际市场上的竞争能力方面具有重大作用。

⑩ 保障身体健康和生命安全，大量的环保标准、卫生标准和安全标准制定发布后，用法律形式强制执行，对保障人民的身体健康和生命财产安全具有重大作用。

（3）国际标准及其特点　国际标准是指国际标准化组织（ISO）、国际电工委员会（IEC）、国际电信联盟（ITU）制定的标准以及 ISO 为促进《关贸总协定-贸易技术壁垒协议》即标准守则的贯彻实施所出版的《国际标准题内关键词索引（KWIC Index）》中收录的其他国际组织制定的标准。其特点如下：

① 重视基础标准的制定，以作为其他国际标准制定的基础、依据和先导。基础标准一般指术语、符号、图形、量和单位及其字符号、标志、环境条件分类和试验、可信性评价、互换性和兼容性、标准参数以及电工方面的标准电阻、额定电流及频率、绝缘结构等标准。

② 测试方法标准占有极重要的位置。国际标准的一半左右是测试方法，如家用电器性能技术委员会（TC59）、高压试验技术委员会（TC42）、环境试验委员会（TC50）、金属材料电气性能的测试方法技术委员会（TC58）等的主要工作是负责制定测试方法标准。

③ 突出安全、卫生标准。这既符合 WTO 的要求，又保护消费者的根本利益。如 IEC 专门制定电气安全标准的技术委员会就有 TC64、TC81、TC61、TC74 等，ISO 还为此专门成立了消费者政策委员会（COPOLCO）。

④ 注意发展产品标准的同时发展管理标准。如 ISO 9000 族标准和 ISO 14000 系列标准对经济全球化和可持续发展发挥了巨大的作用。

⑤ 存在一些典型的不统一状况。如电工频率、电压等级、SI 单位和英制需要进一步协调。

⑥ 信息标准发展迅猛。ISO/TC97 信息处理系统、IEC/TC83 信息技术设备及 ISO/IECJTC1 信息处理技术委员会应运而生，发展迅速。

二、化工标准化

当前，化工产品制定的国家标准和行业标准已有 3585 个，其中产品技术性能和技术指标标准 1970 个，此外还有几万个化工企业标准，构成了我国一个完整配套的化工技术标准体系。化工标准已在我国化工生产力的提高、技术的进步和科学的管理中发挥了重大的指导作用。

1. 化工标准化的特点

化工标准化是化学工业重要的技术基础。化工标准化的特点与化学工业的特点密切相关。化学工业与其他工业相比，具有如下特点：原料、生产方法和产品纷繁复杂；是知识密集型部门，需要多学科、多专业的合作，并对生产人员的素质要求较高；耗能多；容易造成环境污染；多在高温、高压、密闭系统中生产，易燃、易爆，安全技术和管理非常重要等。化学工业的这些特点，也是化工标准化工作中应当考虑的问题。

化工标准化工作是我国工业标准化工作的重要组成部分，除具有工业标准化的共性外，还具有如下行业特点：

（1）化工标准的专业性和配套性较强 化工产品的品种繁多，性能差异大，更新换代快。所以产品及其试验方法标准数量多、范围广、更新快。化工各个专业甚至每种产品都有不同的试样制备或取样方法。专业和专业之间的标准既有共同之处，又有各自的特殊性。因此，每一个专业与专业之间的标准基本上是自成体系，各有一套完整的标准。

（2）化工产品标准的质量特性指标一般都是代用质量特性指标 化工产品质量的好坏，往往是在使用和加工过程中才反映出来。但是代用质量特性指标并不等同于真正质量特性指标，而是反映真正质量特性的相关技术参数。因此，制定化工标准，关键在于准确、科学地确定代用质量特性指标，以充分反映产品的真正质量。

（3）产品标准的质量指标常实行分型和分等 一种化工产品往往有多种用途，例如磷酸氢钙可作肥料，也可作饲料和食品添加剂，还可作牙膏的原料。所以在制定产品标准时要根据不同用途的要求，对产品质量指标实行分型和分等，以避免产品质量的过剩或不足。化学试剂的质量指标一般分为优级纯、分析纯和化学纯等，以适应不同用途的需要。

（4）安全、节能和环保是制定化工标准必须考虑的重要因素 如前所述，化工生产一般在高温、高压下进行，化工产品又多是易燃、易爆、有毒和有腐蚀性的物质。因此，化工标准不仅专门有安全标准，易燃、易爆、有毒物质允许量标准，"三废"排放标准等；而且在产品标准中要充分考虑安全、环境管理的要求。

（5）化工产品标准中包装占重要位置 化工产品具有气体、液体、固体 3 种物质形态，并随着温度、压力的变化而变化。由于有的化工产品的性能不稳定，随外界环境和放置时间而发生化学变化，如热分解、裂解、聚合、遇空气发生化学反应或潮解等。许多化工产品属于危险品，危害人类和动植物，国家标准对化学危险品分类与标志以及对化工产品包装都有明确的规定。

2. 化工标准体系和化工标准体系表

在标准化系统中，每一项活动都是依据相应的标准化文件（如标准、标准规范、标准化指导性技术文件等）进行的。因此，许多标准化文件必然会按照它们之间的关系形成一个体系。研究标准体系的目的是为了建立一个良性操作的生产秩序。在研究这个体系时应该注意到，标准化活动是以企业生产活动的全过程作为对象。只要有助于建立起正常的生产秩序和获得最佳经济效益，而且又符合标准化原则的任何事物和概念，都应该建立标准，并把它们列入标准体系表中。由这些事物和概念建立的标准，一般可以分为 3 类，即技术标准、工作标准和管理标准。

由于在编制化工标准体系表时，要考虑这样大的范围是很不容易的，而且也是不可能的。因此，目前只涉及技术标准的标准体系。管理标准和工作标准的标准体系表，将由化工企业的标准体系表去编制。

（1）标准体系和标准体系表　一定范围内的标准，按其内在联系形成科学的有机整体称为标准体系。一定范围的标准体系内的标准按一定形式排列起来的图表称为标准体系表。"一定范围"可以指一个企业、一个专业、一个行业乃至全国。"内在联系"是指定范围内的各个标准，它们并不是孤立的，而是按一定的"关系"有机地联系在一起的。

因此，上述范围内的标准按其内在联系形成的有机整体，就分别称之为企业标准体系、专业标准体系、行业标准体系和全国标准体系。这些体系内的标准按一定形式排列起来的图表就分别称为企业标准体系表或××企业标准体系表、专业标准体系表或××专业标准体系表、行业标准体系或化工（电子、轻工……）标准体系表和全国标准体系表。

（2）化工标准体系表与全国标准体系的关系　在化工标准体系表内，表的基本组成单元是化工技术标准。化工技术标准有：产品标准、门类通用标准〔即化工专业内，某一类（即门类）产品的通用标准〕、基础标准、通用方法标准。这些标准如按标准适用的范围的大小，可以分为两大类，即个性标准和共性标准。产品标准是直接表达某个产品质量规格的标准，它所表达的仅是某个产品的个性特征，只适用于该产品本身，它就是个性标准。其他的化工技术标准，都是表达两个或两个以上产品或表达若干标准化对象间所共有的特征，它们都是共性标准。

共性标准对个性标准所适用的范围，称为共性范围。共性范围的大小要看该共性特征而定。有的共性标准只适用于某专业内产品标准的一个门类，这类共性标准称为门类通用标准；有的共性标准适用于两个或两个以上专业乃至整个行业范围内的产品标准，这类共性标准称为行业基础标准或行业通用（试验）方法标准。在行业基础标准和行业通用（试验）方法标准内的某些标准，如化学分析方法标准编写的基本规定、滴定分析（容量分析）用标准溶液的制备等，也适用于冶金、石油、石化、医疗卫生、食品等行业。这些标准可以制定为全国综合性标准，如化学分析方法标准编写的基本规定，但由于国际标准化组织仍然把它们的大多数放在 TC47（化学标准化技术委员会）中，所以这类标准我们仍列入化工标准体系表内。现在，我国已有全国通用综合性基础标准体系表共 21 个，这些体系表中的标准作为全国通用的共性标准。

如果将共性标准按其共性范围大小（把同一个共性范围的共性标准排在同一层次内）排成不同层次，这样就形成了层次结构。层次越高，共性范围就越大，放在最底层是个性标准，即产品标准。

在编制化工标准体系表时，是由下而上逐层提取共性特征而建立层次的。一般全国标准体系表共分为 5 个层次，如图 5-2 所示。从第五层同一门类产品标准中提取出来的共性特征制定的标准居第四层，称为门类通用标准；从门类通用标准中提取共性特征制定的标准居第三层，称为专业基础标准和专业（试验）方法标准；从第三层提取出来的共性特征制定的标准居第二层，称为行业综合性基础标准和通用（试验）方法标准；从第二层提取出来的共性特征制定的标准居第一层，称为全国综合性基础标准。

专业标准体系是我国标准体系表的基本独立单元，由第三、四、五层标准组成。化工标准体系表由化工综合性标准、三个子行业标准体系的综合性基础标准，加上化工各专业的标

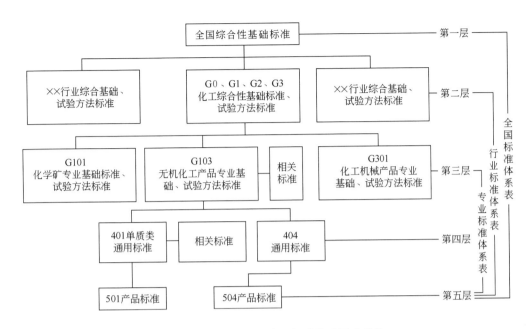

图 5-2　全国、行业、专业标准体系层次结构

准体系表组成。全国 21 个综合性基础标准体系表以及全国各行业的标准体系表，组成了全国标准体系表。

　　这种标准的层次关系，再现了层次间的主从关系，上一层标准对下一层标准是指导制约和贯彻关系，而下层标准对上层标准是共性形成关系。也就是说，下层标准必须受上层标准的指导和制约，下层标准必须贯彻执行上层标准，上层制定了的标准，下层原则上不应重复制定。这种层次间的主从关系，体现了标准间的内在联系，并组成了一个有机整体。在标准体系表中左右横向标准间的关系还表示了行业之间、专业之间和门类之间的联系及其展开，相关标准❶正充分地表达了这种横向的联系。

　　（3）化工标准体系表简介　化工标准体系可分为 4 类，即化工基本原材料标准体系、化工高聚物和橡胶制品标准体系、信息用化学品标准体系、化工机械标准体系。根据化工产品标准体系的行业分类，将整个化工标准体系表分为 3 个子行业标准体系表 G1、G2、G3。

　　G1：化工基本原材料标准体系表。它由化工基本原材料综合基础标准体系表（行业第二层标准）和化学矿、化学气体、无机化工产品、有机化工产品、化学试剂、化肥、农药、染料及中间体、颜料、表面活性剂、水处理药剂、化肥催化剂、食品用化学产品 13 个专业标准体系表组成。

　　G2：化工高聚物、信息材料标准体系表。它由化工高聚物、信息材料综合基础标准体系表（行业第二层标准）和合成树脂及塑料、涂料、合成橡胶及胶乳、轮胎轮辋及气门嘴、软管、涂覆织物、输送带及传送带、橡胶密封制品、胶乳制品、胶鞋、橡胶杂品、食品用医用橡胶制品、胶黏剂、化学助剂、炭黑、感光材料、磁记录材料 17 个专业标准体系表组成。

---

　　❶ 相关标准：凡是其他行业（专业）或上一层标准体系表中制定的标准而为本体系直接采用并关系密切的标准，即为本行业（专业）体系的相关标准。这类标准不仅行业之间有，专业之间、上下层标准之间也有，共性标准有，个性标准也有。

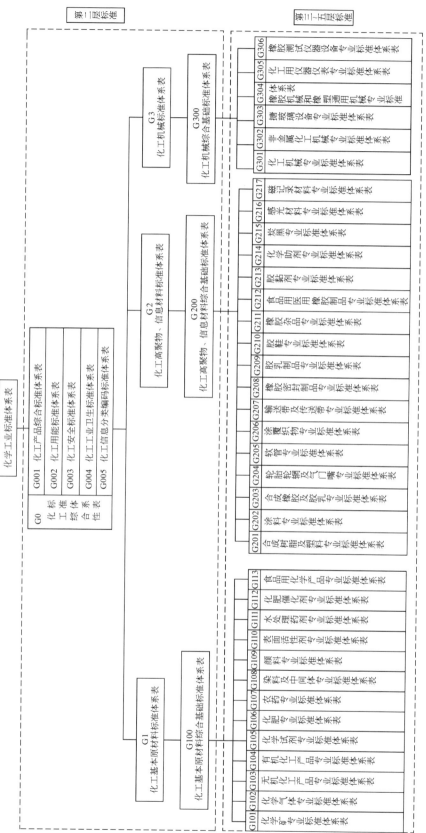

图 5-3　化工标准体系表的总框图结构

注：1. 本体系表分 G1、G2、G3 三大子体系，每一子体系都由综合基础标准体系表和若干个专业体系表组成；

2. 各子体系的综合基础标准体系表和适用于行业的化工综合性标准体系表（G0）组成了全国标准的第二层标准；

3. 框图中每一个框分别代表组成化工标准体系表的一个独立的个数的标准，本表共由 44 个标准组成；

4. 每个专业的体系表又由 3 个层次的标准组成（即全国第三至第五层标准），表中每一个框内，又由若干个标准组成；

5. 列入本体系表的标准共有 7258 个，其中国家标准 2921 个，行业标准 4337 个。强制性标准 2625 个，推荐性标准 4633 个。

G3：化工机械标准体系表。它由化工机械综合基础标准体系表（行业第二层标准）和化工机械、非金属化工机械、搪玻璃设备、橡胶机械和橡塑通用机械、化工用仪器仪表、橡胶测试仪器设备6个专业标准体系表组成。

本体系表还另设 G0。

G0：化工综合性标准体系表。它由化工产品综合性标准、化工用能、化工安全、化工工业卫生、化工信息分类编码5个标准体系表组成。这些标准体系表中的标准，实质上是与上述3个子行业标准体系表中各行业综合基础标准同属第二层的标准，由于它们是3个子行业标准体系共同的标准，故另设此标准体系表。化工标准体系表的总框图结构见图5-3。

体系表由属于全国标准体系第二层的8个标准体系表和36个各专业标准体系表，共44个独立的标准体系表组成。

每一个独立的标准体系表，又由3个部分组成。

第一部分为"体系表的框图结构"，它表示该体系中标准间的层次关系和同一层标准间的展开关系。

第二部分为"各级各类标准体系表"，从表中可以看到如下一些统计数字关系：

① 现有标准和应有标准的数量关系；

② 化工国家标准和化工行业标准的数量关系（包括现有和应有）；

③ 化工国家标准（化工行业标准）中强制性标准和推荐性标准（包括现有和应有）的数量关系；

④ 基础标准、通用方法标准、产品标准（产品和产品专用方法）的数量关系（包括现有和应有）；

⑤ 基础标准（通用方法标准、产品标准）中强制性标准和推荐性标准的数量关系（包括现有和应有）。因而本统计表是了解体系表中标准情况的很好材料。

第三部分为"标准的明细表"，明细表和标准体系表的框图密切相对应，从明细表可以看到如下信息：

① 标准的名称，包括已定和拟订标准的名称；

② 是否为相关标准，在序号中未编号的代表此标准为相关标准；

③ 标准的代号和编号，没有标准代号和编号的标准表示拟订标准；

④ 已定级别和标准属性，对于已定标准，是指修订后已定的标准级别和标准的属性；

⑤ 采用的国际标准和国外先进标准号和已定标准修订时应采用的国际标准和国外先进标准号。

在实施化工标准化的过程中，需经过计划、准备、施行、检查、总结5个阶段，它与全面质量管理的 PDCA 循环有相似之处。标准的实施过程，也是一个不断循环的过程，这样的循环使标准化水平不断提高。

第四节　认证和认可

一、认证制度的起源与发展

1. 认证制度的起源

认证制度是为进行合格认证工作而建立起来的一套程序和管理制度，起源于19世纪下半叶。最初的认证是以产品的评价为基础的，这种评价开始是由生产者进行的自我评价（第一方）和由产品消费者（第二方）进行的验收评价。随着现代工业的发展及工业标准化的诞生，社会财富越来越丰富，第一方、第二方的评价由于各自利益影响而存在着一定的局限性。由独立于产销双方不受其经济利益制约的独立第三方，用公正、科学的方法对产品，特别是涉及安全、健康的产品进行评价，并给公众提供一个可靠的保证，已成为市场的需求。于是，由民间自发为适应市场需求而组建的第三方认证机构应运而生。

1903 年，英国首先以国家标准为依据对英国铁轨进行合格认证并授予风筝标志，开创了国家认证制度的先例，并开始在政府领导下开展认证工作的规范性活动。此项活动开展一个世纪以来，不断向深度、广度拓展，包括了产品认证、管理体系认证、实验认证、人员认证等。并且，随着全球经济一体化的趋势，以国际标准为依据的国际认证制度在世界范围内得到迅速发展。

认证制度之所以有生命力，一是因为由独立的技术权威机构按严格的程序作出的评价结论，具有高度的可信性，二是因为认证为法律部门在推动法规实施时提供了帮助，因而取得了政府对认证的依赖。如政府在采购和依法对涉及健康、安全、环境的产品进行强制性管理时，行政部门可直接利用认证结果，这显然大大增加了认证的权威性。

2. 认可制度的形成

由于认证市场的广阔，各类民间从事认证的机构纷纷诞生。这种数量过多、良莠不分的认证机构，使客户无所适从，迫切希望政府出面给予正确管理和规范。

1982 年，英国政府发表了《质量白皮书》，检讨了英国产品在国际市场声誉下降、市场份额越来越小的原因，提出了许多解决问题的具体措施，其中之一就是建立国家认可制度，对在英国认证的机构进行国家认可。认可准则采用了 ISO/IEC 指南及英国的补充要求。1985 年，在英国贸工部的授权下，由英国标准化协会（BSI）等 16 个来自政府部门、工业联合会、商会等的代表，组成了英国认证机构国家认可组织（NACCB）。与此对应，还将原校准实验室认可组织（BCS）和检测实验室认可组织（NATLAS）合并成为英国测试实验室国家认可组织（NAMAS），形成了英国国家认可机构和认可体制。1995 年 5 月，为进一步适应国际要求，又将 NACCB 与 NAMAS 合并，成立了英国认可组织——UKAS。

1985 年，英国为加强对审核员的管理，扩大英国在审核人员培训和管理上的影响，由英国质量保证研究所（IQA）牵头组建了英国审核员注册委员会（RBA）。1993 年又将其改为认证审核员国际注册机构（IRQA）。英国认证人员注册工作受控于独立的注册管理委员会，注册工作的宗旨是确认质量管理体系审核员的能力。此外，英国还开展了对培训机构、培训教师及培训教材的注册和审定工作，使这一体系日臻完善。

在英国的影响下，特别是欧共体（现称欧盟）的形成，各国也纷纷建立起本国的国家认可机构，推行国家认可制。加拿大、澳大利亚-新西兰、东盟国家、巴西、印度、美国和日本等也建立起国家认可制度。迄今为止，已有近 40 个国家建立了国家认可制度。

二、认证与认可

1. 认证

（1）认证是指第三方依据程序对产品、过程或服务符合规定的要求给予书面保证（合格证书）。

（2）认证的对象是产品、过程或服务；认证应以一个客观的标准作为认证依据。

（3）认证应有一套科学、公正的认证手段（程序），如对企业管理体系的审核和评定，对产品的抽样检验等。

（4）认证活动由第三方实施；认证应有明确的书面保证，如认证证书或认证标志。

2. 认可

（1）认可是指一个权威团体依据程序对一个团体或个人具有从事特定任务的能力给予正式承认。

（2）认可的对象是从事特定任务的团体或个人，如认证机构、审核员、检验机构（实验室）、审核员培训机构。

（3）认可活动必须依据规定的程序和要求进行；认可的实施必须由权威团体进行。

3. 认证和认可的主要区别

（1）两者的主体不同　认证的主体是具备能力和资格的第三方，由合格的第三方实施认证工作，以保证认证工作的公正性和独立性。认可的主体是权威团体，这里一般是指由政府授权组建的一个组织，具有足够的权威性。

（2）两者的对象不同　认证的对象是产品、过程或服务，如质量管理体系认证、产品质量认证、环境管理体系认证等。认可的对象是从事特定任务的团体或个人，如检验机构、实验室、管理体系认证机构以及审核员、审核员培训机构等。

（3）两者的目的不同　认证是符合性认证，以质量管理体系的认证为例，其目的在于质量管理体系认证机构对组织所建的质量管理体系是否符合规定的要求（如 ISO 9000 标准的要求）进行证明。认可是具备能力的证明，即认可机构（如中国的 CNAS）依据规定的程序对质量管理体系认证机构（如 CQC）和质量管理体系审核员是否具备从事质量管理体系认证工作的资格和能力进行考核和证明。

认证和认可都是合格评定活动，即通过直接或间接的活动来确定相关要求被满足。表5-2 列出了各项合格评定的主要活动。

表 5-2　各项合格评定的主要活动

主要活动	认可/认证	对象	实施机构
对产品进行抽样、试验和检验，审核和评定组织的质量管理体系	产品质量认证	产品	认证/检验机构
审核和评定组织的质量管理体系	质量管理体系认证	组织的质量管理体系	认证机构
对产品进行抽样，测试产品的环境参数、性能，审核和评定企业的环境管理体系	产品环境标志认证	产品	认证机构
审核和评定组织的环境管理体系	环境管理体系认证	组织的环境管理体系	认证机构
检查和评定检验机构的质量管理体系	检验机构认可	检验机构	认可机构
审核和评定认证机构的质量管理体系	认证机构认可	认证机构	认可机构
评价审核员的能力	审核员资格认可	审核员	认可机构(注册机构)
审核和评定培训课程、培训的质量管理体系	培训课程认可	审核员培训机构	认可机构(注册机构)

在我国 ISO 9000 质量管理体系的认证工作中，认可机构是中国合格评定国家认可委员会（CNAS）；认证机构是经认可机构批准建立的机构，在中国开展质量认证的认证机构已有 50 多家，其中中国进出口质量认证中心（CQC）是最早认可、拥有审核员最多、发证数量最多的机构。

三、认证机构简介——CQC

1. 中国进出口质量认证中心（CQC）

中国进出口质量认证中心（英文 China Quality Certification Centre for Import and Export），简称 CQC，是原国家进出口商品检验局（现国家市场监督管理总局）依据《中华人民共和国进出口商品检验法》和国务院赋予的职责，并经中央编制委员会办公室批准，于 1996 年 10 月设立的具有独立第三方公正地位的质量管理体系和环境管理体系认证机构。

2. CQC 的主要职责

① 组织实施进出口产品安全认证和质量认证；
② 组织实施第三方质量管理体系（ISO 9000）认证；
③ 组织实施第三方环境管理体系（ISO 14000）认证；
④ 组织实施审核员培训、认证业务培训。

四、认可机构简介——CNAS

1. 名称和组织机构

CNAS 是中国合格评定国家认可委员会的英文缩写，英文名称为：China National Accreditation Service for Conformity Assessment。图 5-4 为 CNAS 的组织结构图。

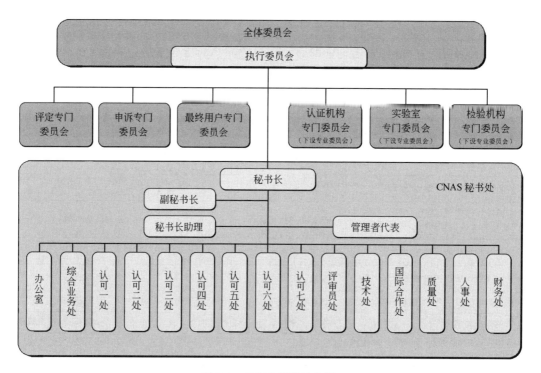

图 5-4　CNAS 组织结构图

2. 职责

CNAS 是根据《中华人民共和国认证认可条例》的规定，由国家认证认可监督管理委员会（CNCA）批准设立并授权的国家认可机构，统一负责对认证机构、实验室和检验机构等相关机构的认可工作。其职责是：

① 按照我国有关法律法规、国际和国家标准及规范等，建立并运行合格评定机构国家认可体系，制定并发布认可工作的规则、准则、指南等规范性文件；

② 对境内外提出申请的合格评定机构开展能力评价，作出认可决定，并对获得认可的合格评定机构进行认可监督管理；

③ 负责对认可委员会徽标和认可标识的使用进行指导和监督管理；

④ 组织开展与认可相关的人员培训工作，对评审人员进行资格评定和聘用管理；

⑤ 为合格评定机构提供相关技术服务，为社会各界提供获得认可的合格评定机构的公开信息；

⑥ 参加与合格评定及认可相关的国际活动，与有关认可及相关机构和国际合作组织签署双边或多边认可合作协议；

⑦ 处理与认可有关的申诉和投诉工作；

⑧ 承担政府有关部门委托的工作；

⑨ 开展与认可相关的其他活动；

⑩ 中国合格评定国家认可制度在国际认可活动中有着重要的地位，其认可活动已经融入国际认可互认体系，并发挥着重要的作用。

五、质量管理体系认证工作程序

质量管理体系认证的实施过程分为两个阶段：一是申请和评定阶段，其主要工作是受理申请和对组织的质量管理体系进行审核和评定，决定能否批准认证并颁发认证证书；二是对获证组织的质量管理体系进行日常监督管理，使获准认证组织的质量管理体系在认证有效期内持续符合 ISO 9001:2015 标准的要求。其工作程序如下。

1. 申请及评定

（1）申请 要求质量管理体系认证的组织应确定质量管理体系认证所覆盖的范围，并确认自身的质量管理体系达到了 ISO 9001:2015 标准要求之后，即可向选定的认证机构正式提出认证申请。认证机构收到申请方的正式申请后，将对申请方的申请文件进行审查，包括填报的各项内容是否完整和正确，质量手册的内容总体上是否覆盖了 ISO 9001:2015 标准的要求等。

（2）评定 认证机构委派现场审核组组长，首先对申请方的文件进行审核，如符合要求，由认证机构委派审核组对申请方进行现场审核，符合要求后，出具文件审核报告和现场审核报告。认证机构对报告进行审查，符合要求的，批准注册并颁发注册证书。注册证书有效期一般为 3 年。

2. 监督管理

（1）监督审核 监督审核是指认证机构对认证合格的组织质量管理体系的维持情况的监督性现场审核。一般情况下，认证机构对初次获证组织在获证后的 6 个月进行第一次监督审核，视其质量管理体系的维持情况，每年至少一次对获证组织进行监督审核。监督审核的程序与注册认证审核相似，但在检查内容上有很大的简化，重点检查以下内容：

① 上次审核时发现问题的纠正情况；

② 质量管理体系是否发生变化，以及这些变化对质量管理体系有效性可能产生的影响；

③ 质量管理体系中关键项的执行情况等。

（2）认证暂停与撤销 认证暂停是认证机构对认证合格组织的质量管理体系发生不符合

认证要求的情况时采取的警告措施。在认证暂停期间，组织不得使用质量管理体系认证证书进行宣传。认证暂停由认证机构书面通知组织，同时也指明消除暂停的条件。

认证撤销是指认证机构撤销对组织质量管理体系符合质量管理体系要求的合格证明。认证撤销由认证机构书面通知组织，并撤销注册，收回证书，停止组织使用认证标志。

（3）复审换证　在认证证书有效期满前，组织愿意继续延长时，可向认证机构提出复审换证的要求。复审换证的审核与初次认证相同，但由于连续性监督的因素，在具体的审核过程中将较初次认证有所简化。其审核过程如图5-5所示。

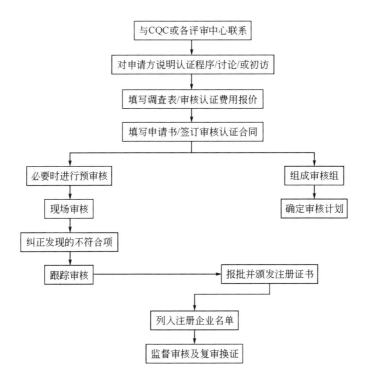

图 5-5　复审换证审核过程

课程思政小课堂

第一张医学实验室认可证书背后的故事

在各级医院中，检验科在诊断过程中的作用非常重要。检验科不仅为临床诊断、治疗、预防和健康评估等提供科学依据，其检验结果的准确与否，更直接关系到就医者的身体健康和生命安全。随着检验医学不断发展，检验科的标准化、规范化管理水平已成为衡量医院实力的重要指标。早期，我国医院医学实验室由于检验结果的不稳定性，使临床对检验结果有一定不信任感，一直存在"仅供参考"的思维误区。

2003年，国际标准化组织（ISO）发布了ISO 15189:2003《医学实验室—质量和能力的专用要求》和ISO 15190:2003《医学实验室—安全要求》。这是对医学实验室要求的通用国际标准，已被世界上多数认可机构采纳，作为对医学实验室安全、质量和能力进行评价的依据，为我国医学实验室的规范化运作提供了权威的标准化解决方案。

"认可"是按照国际标准和相关技术规范，表明合格评定机构具备相应技术和管理能力的第三方证明。ISO 15189发布后，医学实验室认可成为提高医学检验质量和能力的必由之路。

　　中国人民解放军总医院临床检验科成立于 1987 年，当时专业范围局限于血液、尿液、粪便三大常规检验。1988 年，丛玉隆教授担任科主任，通过加强学科建设、实行科学管理、加快设备更新等一系列升级完善，科室迈上发展快车道。丛玉隆经过大量调研发现，检验科发展的主要瓶颈在于我国医学实验的质量管理水平严重滞后，由此在全国范围内最早开始了医学实验室认可申请准备和管理实践。

　　在向中国实验室国家认可委员会（我国认可机构，中国合格评定国家认可委员会前身之一）正式提出申请后，2005 年 5 月 22 日，由我国检验学专家朱忠勇教授和张正教授组成的评审组对中国人民解放军总医院检验科进行了现场评审。2005 年 8 月 30 日，在中国实验室国家认可委员会组织的全国 ISO 15189 认可研讨会暨解放军总医院临床检验科通过国家认可颁证挂牌仪式上，中国人民解放军总医院临床检验科成为全国首家通过医学实验室认可的临床实验室。

　　作为全国第一家获得认可的医学实验室，工作人员对认可的感受和体会很深刻。认可"持续改进"、重视"有效性"的理念始终伴随着检验科的发展。获得认可十多年来，中国人民解放军总医院检验科的综合实力已走在国内临床检验学科的前列，认可带来的益处显而易见。

　　通过认可，中国人民解放军总医院检验科建立了符合国际通用标准、科学全面的质量管理体系，依托质量管理体系对样品检验全过程进行全面、有效控制，不仅完善了检验质量管理的细节，大大提高了检验质量，而且使检验质量管理更加人性化。

　　2007 年 12 月，中国合格评定国家认可委员会（CNAS）相继签署了亚太实验室认可合作组织（APLAC）、国际实验室认可合作组织（ILAC）医学实验室认可互认协议，标志着我国医学实验室认可结果在国际范围内获得了承认，促进了我国医学实验室与国际的交流对话。

　　通过认可，中国人民解放军总医院检验科由过去传统的粗放式管理转变为现代化的精细管理，管理层、各职能小组分工明确，各级人员职责清楚。不管科室负责人在不在位，日常工作都能按照标准平稳运行。科室负责人能够把更多精力用于科室发展规划、问题解决、科研教学、对外交流等高层面的管理工作中。

　　通过认可，中国人民解放军总医院检验科在医院和行业中的地位不断提升。近年来，数百家国内外医疗相关机构、数千人来科室访问，进行医学实验室认可等方面的交流。曾有一家法国公司与医院商谈新药临床试验相关指标检测项目的合作事宜，交流过程中，法方经理对实验室承担项目的能力不放心，但当公司负责人看到挂在实验室墙上的 ISO 15189 认可证书时，很快就作出签订协议的决定。

　　近年来，中国人民解放军总医院检验科的工作量成倍增加。在众多可能影响实验室质量体系运行的因素下，检验科医疗质量、服务水平没有受到影响，临床医护人员、病人的投诉显著减少，医疗、服务质量满意度调查评价保持高位。这归功于医学实验室认可全面质量管理体系的建立、有效落实和持续改进。

　　自 2005 年 8 月我国第一张医学实验室认可证书颁发以来，截至 2020 年 7 月底，已有 432 家医学实验室获得 CNAS 认可。通过认可为医护人员及患者提供高质量的检验服务，已成为我国大多数医学实验室追求质量和技术水平提升的必由之路。认可，将继续为造福人民群众、建设"健康中国"作出更大贡献。

第五节　实验室认可

一、实验室认可的意义

实验室认可活动发生于 20 世纪 40 年代，以后逐步地扩散发展，并在 70 年代中期产生了第一个地区性的认可机构。至 20 世纪末，诞生了世界性的国际实验室认可组织——国际实验室认可合作组织（ILAC）。

实验室认可是世界科学技术和市场经济不断发展的结果。在世界经济全球化发展的今天，人们对产（商）品质量的要求越来越高。对产（商）品质量检测的期望也越来越高，这就促进了实验室事业的大发展，对实验室工作质量的评估和认可活动也因此得以迅速发展，并且逐步地走向国际化。

由于历史因素的影响，中国实验室事业在很多方面都远远落后于世界先进国家。目前，中国已成立国家实验室认可委员会，并且已与世界同样的水平要求对中国的实验室开展认可活动，努力把中国的实验室事业推进到与世界同等的高度。

产品质量认证也对实验室提出了新的要求，因此，实验室获得认可等于向产品获得认证走近了一步，也是使企业走向世界更迈进一步。"实验室认可"也是市场经济发展的要求。

二、实验室认可的基本条件

一个实验室希望获得实验室认可，必须达到符合《实验室认可规则》CNAS RL01:2019 文件规定的要求，并按《实验室认可指南》CNAS-GL001:2018 的规定，办理"认可申报"，提交足够的认可申报资料，然后进行审查考核，当申报认可的实验室达到规定要求的时候，便可以获得认可。

申报认可的实验室，除了必须具备一般实验室必备的硬件以外，更重要的是必须实行实验室的质量管理，也就是说必须建立有实验室质量体系并投入运行，使实验室水平和实验室工作质量得到不断的提高。

事实上，实验室质量体系的建设对实验室总体水平的提高具有很大的促进作用，是实验室认可的重要基础工作。

三、实验室认可的基本程序

1. 申请

中国的"实验室认可"，除了在计量校准和法定检验机构的实验室实现强制性的认可以外，一般的实验室目前还是采取自愿申报认可的方式，由自愿申报的实验室向 CNAS 机构提交申请材料，并交纳申请费用。

2. 现场评审

（1）评审准备　CNAS 机构在接受实验室的申请书后，首先对认可申请的实验室的申请资料的完整性、规范性进行初审，确认申报实验室的申请准备工作基本符合要求后，再对现场评审正式立项，登记建立档案，组建评审组，组织制定现场评审计划和开始现场评审准备工作。

申报"认可"的实验室在提交申请书后，应该根据 CNAS 机构的要求提交必需的补充资料，并配合 CNAS 机构做好各种现场评审活动的准备工作，为现场评审提供方便。

为了使评审申请尽快获得通过，申报认可的实验室应在申报以前，事先认真学习《实验室认可规则》CNAS RL01:2019，深入领会《实验室认可规则》和《实验室认可指南》的核心精神。

（2）现场评审　CNAS对申报实验室的现场评审，包括以下内容：

① 首次会议。明确现场评审的目的、范围及依据，评审的工作计划、程序、方法、时间安排以及联系方法等，并在现场进行必要的答辩，澄清某些不够明确的问题，以便对认可申请的实验室有进一步的了解。

② 现场参观与评审。根据评审工作计划进行现场的参观、检验评审工作。

③ 现场试验与评价。根据评审工作的需要进行现场的测试/校准工作质量检查，对申报的实验室的实际工作能力和质量保证能力做出鉴定，以确定实验室的实际水平并给予恰当的评价。

3. 批准认可

经过实际的认可审查的考核，对于达到认可条件的实验室，由CNAS机构把相关资料连同评审报告上报CNAS评定工作组，由工作组予以评定。如无异议，再报请国家质量技术监督局颁发批文和认可证书。

4. 监督和复评审

凡获得CNAS认可的实验室，在认可程序完成以后，必须接受CNAS的监督和复评审，以确保认可的有效性。

对于违反《实验室认可规则》CNAS RL01:2019的行为，或发生其他实际情况，CNAS应要求其限期实施纠正，需要时采取纠正措施，情况严重的可立即予以暂停、缩小认可范围或撤销认可。

5. 能力验证

能力验证是对实验室进行现场评审的考核内容之一，旨在检查实验室以及具体工作人员的实际工作能力和质量保证能力，以便对实验室的总体实际水平做出评价。在进行能力验证的时候，申请认可的实验室必须给予充分的合作，以利于验证工作的顺利进行。

能力验证是认可评定的重要工作，在评审和复评审工作过程中都具有重要意义，不可忽视。

 阅读材料

ISO 9000 族标准的产生和发展

第二次世界大战期间，军事工业发展很快，各国政府均认识到武器质量的重要性，迫切需要对生产武器的厂家进行有效的全过程质量的控制。1959年美国国防部发布MIL-Q-9858A《质量大纲要求》，可以说，这是世界上最早的有关质量保证方面的标准文件。这个标准要求"承包商制定和保持一个与其经营管理、技术规程相一致的有效的和经济的质量保证体系"，"应在实现合同要求的所有领域和过程（例如设计、研制、制造、加工、装配、检验、试验、维护、装箱、储存和安装）中充分保证质量"，并且，还要求企业根据标准要求编制手册。与此同时，美国国防部还发布了MIL-Q-45208A《检验系统要求》，作为生产一般武器的质量保证标准。

军品生产中质量保证活动的经验很快在涉及人身安全的压力容器和核电站等部门得到了推广。1971年，美国机械工程师学会（ASME）发布了SDME-Ⅲ-NA4000《锅炉与压力容器质量保证标准》，同年，美国国家标准协会（ANSI）借鉴军用标准的制定，发布了ANSI-N45.2《核电站质量保证大纲要求》。

美国在军品生产方面质量保证活动的成功经验，在世界上产生了很大影响，各工业发达国家很快就加以仿效，在民品生产方面也相继制定了许多质量保证的国家标准。

从 20 世纪 70 年代起，世界各国经济相互合作、相互依赖进一步增强，国际竞争日趋激烈，世界性范围的经济交流也日益频繁，但是，各国在质量管理中所采用的概念、术语、要求均有较大差别。许多经济发达国家先后发布的关于质量管理体系及其审核的标准五花八门，各国标准不一致，开展国际质量认证时，给国际贸易和国际合作带来了许多始料未及的障碍，因此国际上迫切需要将质量管理和质量保证标准统一，ISO 9000 系列标准就这样应运而生，并经过如下发展历程。

1. 1987 版 ISO 9000 系列标准

1971 年，国际标准化组织（ISO）成立了认证委员会（CERTICO），1985 年，改名为合格评定委员会（CASCO），其任务是研究国际可行的认证制度，制定颁发一系列指导性文件，促进各国质量认证制度的统一。1979 年，国际标准化组织理事会决定在认证委员会"质量保证工作组"的基础上，单独成立质量保证委员会。1980 年，ISO/TC176 质量保证技术委员会在加拿大成立，1987 年，该委员会又改名为"质量管理和质量保证技术委员会"。

1986 年，ISO 正式发布了 ISO 8402：1986《质量-术语》标准，该标准的发布对统一全世界的质量术语起了重要作用。1987 年，ISO 又正式发布了 1987 版 ISO 9000 系列标准。

2. 1994 版 ISO 9000 族标准

1994 年 7 月，ISO 又发布了 1994 版 ISO 9000 族标准，第二版标准对第一版标准进行了技术性修订，并且取代了第一版 ISO 9000 系列标准。此后，ISO 还陆续制定发布了一些关于质量管理和质量保证的支持性标准，共计有 27 项标准和文件，将 ISO 9000 系列标准扩展为 ISO 9000 族标准。

3. 2000 版 ISO 9000 族标准

1987 版 ISO 9000 系列标准一问世，为各国带来了既具有统一术语又得到国际公认的质量管理和质量保证标准，从而减少了名目繁多的国家标准和行业规定，同时，也免去了不少应接不暇的第二方审核，为此，引起了全球工业界的关注。

1994 版 ISO 9000 族标准的修订凝聚了多年来质量管理理论研究的成果和科学实践的总结，对 1987 版标准内容进行了局部修订，但标准的总体结构和思路并未改变，在当时是较好地满足了使用者的要求。当 1994 版标准发布时，已不仅仅是工业界在关注 ISO 9000 标准，而是已受到包括服务业在内的各行各业的欢迎。开展质量认证，可以为远隔重洋的顾客提供足够的信任，从而促进了国际贸易的发展。所以，除了发达国家以外，许多发展中国家也纷纷制定了与国际标准等同的国家标准，以便进入质量认证国际互认的领域；与此同时，关于国际上互认认可机构、认证机构、培训机构方面的导则和批准准则也相继问世；除了大型企业以外，各行各业中小规模的组织也关注起了 ISO 9000 族标准；大家把 ISO 9000 族标准看成是根据世界各国尤其是发达国家在质量管理方面经验总结编写而成的标准。ISO 9000 族标准在全球各行各业中的大力推行，使得 ISO 9000 族标准成为 ISO 组织发布的国际标准中发行量最大的一套标准，世人称之为"ISO 9000 现象"。

为了增进国际贸易，促进全球经济的繁荣和发展，在质量管理的全部领域内，ISO 9000 族标准应当成为有助于消除贸易技术壁垒，促进自由贸易的标准，而不应当发展成为质量管理学的百科全书；同时，应使人们正确地理解质量及其概念和原则；并且，ISO 9000 族标准不仅适用于制造产品或提供服务的领域，而且应适用于各行各业中组织的管理和运作。为此，ISO/TC176 在总结全球质量管理实践经验的基础上，高度概括地提出了 8 项质量管理原则。2000 版 ISO 9000 族标准就是依据这些理论和原则，在总体结构和思路以及技术内容两方面对 1994 版标准进行了全面修订。

1995 年，在策划 ISO 9000 族标准时，ISO/TC 176 提出了一套关于质量管理的文件，其中包括了八项质量管理原则，并且成立了 ISO/TC 176/SC2/WG15，组织编写了 ISO/CD 19004-8《质量管理原则及其应用》，该文件在 1996 年和 1997 年两次年会上广泛征求意见，通过投票并取得一致同意后，WG15 在解散的同时，将八项质量管理原则交给 TC176/SC2 作为编写 2000 版 ISO 9000 族标准的理论基础。在对 1994 版标准的不足之处进行修订后，提出了修订标准的总体思路，最后形成 2000 版 ISO 9000 族标准。

4. 2008 版 ISO 9000 族标准

2004 年，ISO 9001:2000 在各成员国中进行了系统评审与论证，根据 ISO/指南 72：2001《管理体系标准论证和制定指南》的要求，ISO/TC 176/SC2（国际标准化组织/质量管理和质量保证技术委员会/质量体系分委会）向 TC 176 提交了论证报告，在 2004 年 ISO/TC 176 年会上，ISO/TC 176 认可了有关修正 ISO 9001:2000 的论证报告，并决定成立项目组（ISO/TC 176/SC2/WG18/TG 1. 19），对 ISO 9001:2000 进行有限修正。

5. 2015 版 ISO 9000 族标准

ISO 9000:2015 标准从 2012 年 6 月 ISO 组织启动改版，经过了三年多的时间，于 2015 年 9 月正式发布，新版标准不仅在结构上由原来的 8 个章节变更为 10 个章节，而且在内容上进行了删减与增加，如删减了质量手册、管理者代表和预防措施等，增加了组织的环境、风险管理、最高管理者的责任、绩效评估与变更管理和应急措施等。新版标准强调了组织的环境，提出了对风险和机会的应对要求，增强了对领导作用的要求，淡化了对文件的指定性要求，扩大了对利益相关方的关注，更加注重实现预期的过程结果以增加顾客满意度。

 思考与练习题

一、填空题

1. 产品分为（　　　）、（　　　）。

2. 标准按其性质可分为（　　　）、（　　　）、（　　　）3 类。

3. PDCA 的工作方法中，P 指（　　　），D 指（　　　），C 指（　　　），A 指（　　　）。

4. 标准化的简化原理包含（　　　）、（　　　）、（　　　）、（　　　）4 个要点。

5. 化验室质量检验的 3 个职能是（　　　）、（　　　）、（　　　）。

6. 化验室检验工作的一般过程为（　　　）、（　　　）、（　　　）、（　　　）、（　　　）、（　　　）。

7. 产品质量认证的基本条件指（　　　）、（　　　）、（　　　）。

8. 认证的基本程序为（　　　）、（　　　）。

9. 实验室认可的基本程序为（　　　）、（　　　）、（　　　）、（　　　）、（　　　）。

10. 2015 版 ISO 9000 族系列标准包括（　　　）、（　　　）、（　　　）、（　　　）。

二、名词解释

质量　质量管理　标准化　产品　认证　认可

三、选择题

1. 按《标准化法》规定，必须执行的标准和国家鼓励企业自愿采用的标准是（　　　）。

A　强制性标准、推荐性标准　　　　　　　　B　地方标准、企业标准

C 国际标准、国家标准　　　　　　　　D 国家标准、企业标准

2. 在国家、行业标准的代号与编号 GB/T 18883—2002 中 GB/T 是指（　　　）。

A 强制性国家标准　　　　　　　　　B 推荐性国家标准

C 推荐性化工部标准　　　　　　　　D 强制性化工部标准

3. ISO 9000 系列标准是关于（　　）和（　　）以及（　　）方面的标准。

A 质量管理　　　　　　　　　　　　B 质量保证

C 产品质量　　　　　　　　　　　　D 质量保证审核

4. IUPAC 是指下列哪个组织？（　　　）

A 国际纯粹与应用化学联合会　　　　B 国际标准组织

C 国家化学化工协会　　　　　　　　D 国家标准局

5. 从下列标准中选出必须制定为强制性标准的是（　　　）。

A 国家标准　　　　　　　　　　　　B 分析方法标准

C 食品卫生标准　　　　　　　　　　D 产品标准

6. 国际标准化组织的代号是（　　　）。

A SOS　　　　　　B IEC　　　　　　C ISO　　　　　　D WTO

7. 英国国家标准的代号是（　　　），日本国家标准的代号是（　　　），美国国家标准的代号是（　　　）。

A ANSI　　　　　　B JIS　　　　　　C BS　　　　　　D NF

8. 国家一级标准物质的代号用（　　　）表示。

A GB　　　　　　　B GBW　　　　　　C GBW(E)　　　　　D GB/T

9. 下列哪些产品必须符合国家标准、行业标准，否则，即推定该产品有缺陷？（　　　）

A 可能危及人体健康和人身、财产安全的工业产品

B 对国计民生有重要影响的工业产品

C 用于出口的产品

D 国有大中型企业生产的产品

10. 标准化的主管部门是（　　　）

A 科技局　　　　　　　　　　　　　B 工商行政管理部门

C 公安部门　　　　　　　　　　　　D 质量技术监督部门

四、判断题

1. 国家标准是国内最先进的标准。（　　　）

2. 企业可以根据其具体情况和产品的质量情况制定适当低于国家或行业同种产品标准的企业标准。（　　　）

3. 2015 版 ISO 9000 族标准的结构有 4 个核心标准。（　　　）

4. 企业标准一定要比国家标准要求低，否则国家将废除该企业标准。（　　　）

5. 标准和标准化都是为在一定范围内获得最佳秩序而进行的一项有组织的活动。（　　　）

6. 标准编写的总原则就是必须符合 GB/T 1.1—2000。（　　　）

7. ISO 9000 族标准是环境管理体系系列标准的总称。（　　　）

8. 未经 ISO 确认并公布的其他国际组织的标准、发达国家的国家标准、区域性组织的标准均属于国外先进标准。（　　　）

9. 标准化工作的任务是制定标准、组织实施标准和对标准的实施进行监督。（　　　）

10. 《中华人民共和国标准化法》于 1989 年 4 月 1 日发布实施。（　　　）

五、问答题

1. 工作质量与产品质量有哪些联系？

2. 标准化的基本原理是什么？

3. 化验室在企业生产中有哪些质量职能？

4. 质量检验对产品生产有什么意义？

5. 何谓产品质量认证？需要什么基本条件？

6. 何谓实验室认可？其基本程序是什么？

7. 认证和认可有何本质区别？

8. 国际标准的特点有哪些？

第六章
化验室检验质量保证体系的构建与管理

🕹 知识目标

1. 了解化验室检验质量保证体系构建的依据和编制化验室质量管理手册的基本要求，掌握构建化验室质量保证体系的基本要素和方法。

2. 理解质量保证体系对检验人员综合素质、仪器设备、材料和环境保证的意义，掌握检验过程的程序和质量控制的要求及注意事项。

3. 了解检验质量申诉与质量事故处理的程序和方法，理解实施检验质量保证体系内部监督评审的作用，掌握检验质量保证体系内部监督评审的程序。

🕹 能力目标

1. 根据检验过程和质量控制的要求，能够结合本校实验室分析检验任务，设计检验过程的质量保证方案。

2. 根据质量保证体系对仪器设备、材料和环境保证的总体要求，能够结合本校实验室情况，设计红外光谱仪的运行环境方案。

第一节 化验室检验质量保证体系

自 1987 年 ISO/TC 176（国际标准化组织质量管理和质量保证技术委员会）正式成立以来，相继制定了一系列标准（ISO 9000 族系列标准）。这为各国建立质量体系和质量管理标准提供了借鉴。我国的 GB/T 19000 系列标准就是从 ISO 9000 族系列标准等同转化而来的。其中，GB/T 19001—2016(GB/T 19001—2016/ISO 9001:2015)《质量管理体系 要求》适用于各种类型、不同规模和提供不同产品的组织。构建化验室检验质量保证体系并使之运行，是企业实施全面质量管理（TQC）的重要组成部分，是非常重要和十分必要的。

一、化验室检验质量保证体系构建的依据

化验室检验质量保证体系构建的依据是 GB/T 19001—2016《质量管理体系 要求》。因为该标准阐述了企业产品最终检验至成品交付的产品检验和试验的质量体系要求。按这些

要求建立的质量体系，既要为产品的需要方提供具有对产品最终检验能力的有效证据，也要保证最终产品的检验符合产品的执行标准或相关规定，且有能力检测出不合格项目并加以处理。该标准强调检验把关，要求企业在进行产品生产的同时要建立一套完善而有效的检验系统，并严格控制系统的人员素质、技术装备等。为了达到上述质量体系的功能和能力，化验室必须建立相应的质量保证体系来保证检验工作或检验结果质量。

二、化验室检验质量保证体系的基本要素

根据 GB/T 19001—2016《质量管理体系 要求》标准要求，企业在实施全面质量管理（TQC）时，必须建立化验室质量体系和化验室检验系统。化验室质量体系应包括化验室的组织结构、管理程序、管理过程和化验室资源。化验室检验系统主要包括系统的人力资源、仪器设备及材料、文件资料等。化验室检验系统除了按产品执行的标准或相关规定进行产品质量最终检验之外，根据 GB/T 19001—2016 产品实现的策划应与质量管理体系其他过程的要求相一致的原则，既要进行生产过程控制的检验，还要为满足顾客要求、新产品试验等进行检验。要使上述各方面的检验工作和结果质量得到保证，就必须使检验的各个环节质量得到保证。所以，化验室检验质量保证体系的基本要素应包括检验过程质量保证，检验人员素质保证，检验仪器、设备和环境保证，检验质量申诉处理，检验事故处理 5 个方面（见图 6-1）。

三、化验室检验质量保证体系的构建

构建化验室检验质量保证体系就是要围绕该体系 5 个方面的要素，进行管理组织结构的建设；确定相应的管理程序和管理过程；明确各类人员的素质和能力，要求并制订和实施人员培训计划，制定保证体系中各类人员岗位职责；按需要配备相应的检验仪器和设备，制定使用、管理办法；收集和制定需要的技术标准、检验方法和检验操作规程等；创造良好的检验工作和仪器设备运行环境；制定检验质量申诉处理和检验事故处理办法；制定化验室检验质量保证体系运行监督和内部评审办法，建立化验室实现量值溯源的程序，综合编制《化验室质量管理手册》。在构建化验室检验质量保证体系中，应注意贯彻国家的方针政策、标准和有关规定，注意与企业的质量方针和质量体系相衔接。同时还要联系化验室自身的实际，力求做到科学、合理、有针对性和实用性、可操作性强。图 6-1 即为化验室检验质量保证体系框图。

四、《化验室质量管理手册》的基本内容

编制《化验室质量管理手册》是一项全面和综合的工作。《化验室质量管理手册》应包括以下基本内容：上级组织关于不干预分析检验工作质量评价的公正性声明、关于颁发《化验室质量管理手册》的通知、中心化验室关于分析检验质量评价的公正性声明、法定代表授权委托书、各类人员岗位责任制、计量检测仪器设备的质量控制、分析检验工作的质量控制、原始记录和数据处理、检验报告、日常工作制度等。现举例简单说明如下。

（一）上级组织关于不干预分析检验工作质量评价的公正性声明

×××中心化验室：

根据原国家技术监督局颁发的《产品质量检验机构计量认证技术考核规范》（JJG 1021—90）的规定，即质量评价工作不受外界或领导机构的影响，保证质检机构的第三方公证地位，确保质量评价工作的顺利进行。现特作如下声明：

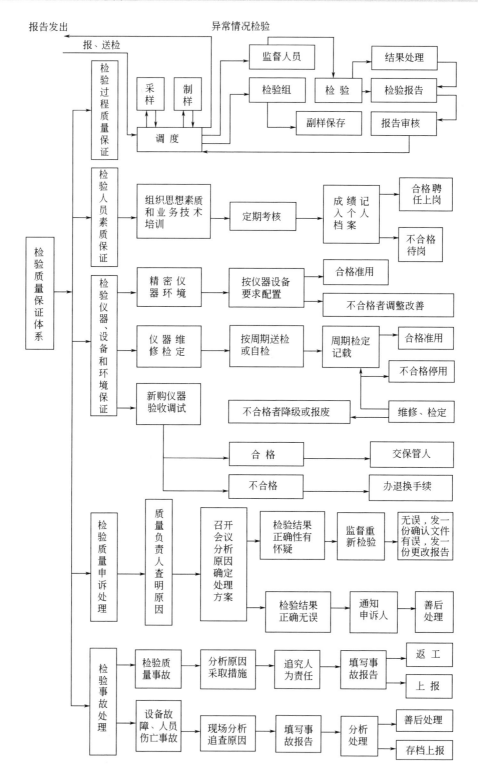

图 6-1　化验室检验质量保证体系框图

1. 中心化验室行政上归属公司（企业）领导，但分析检验业务工作是独立的，中心化验室独立对其分析检验结果负责。

2. 公司（企业）及相关部门不以任何方式干预中心化验室的分析检验质量评价工作，以确保质检机构的第三方公证地位。

3. 公司（企业）及相关部门支持中心化验室的分析检验工作和质量评价工作。

4. 送检样品的单位有权向上级单位反映意见。

×××公司（企业）（签章）

法定代表：×××

年　　月　　日

（二）关于颁发《化验室质量管理手册》的通知

×××公司（企业）中心化验室的任务包括生产中原辅材料、半成品和产品的分析检验以及新产品试验等科研和技术培训。其核心任务是通过分析检验工作，对送检样品的质量水平作出公证、科学和准确可靠的评价。为保证这一任务的完成，确保分析检验工作的质量，我们认真地结合中心化验室的实际工作情况，以 GB/T 19003—1994《质量体系　最终检验和试验的质量保证模式》标准要求和强调为依据，在大量的调查研究基础上组织专人编制了中心化验室《化验室质量管理手册》。

本手册汇集了中心化验室的各项制度与规定，为了对影响分析检验质量的各种因素进行有效的控制，手册中着重对检验人员素质，检验仪器、设备和环境，检验质量申诉处理，检验事故处理等几个方面提出了明确的要求。《化验室质量管理手册》是×××公司（企业）中心化验室开展分析检验工作的法规性文件，中心化验室全体工作人员必须以本手册为依据，以高度负责的精神，认真履行岗位职责，及时、准确地完成各项分析检验工作，为本公司（企业）内外生产企业指导和控制生产正常进行、原辅材料和产品质量的确认、技术改造或新产品试验等提供满意的服务。为×××公司（企业）的生产、科研和技术培训等做出贡献。

本手册经×××公司（企业）领导审核，现予以公布，中心化验室全体工作人员务必遵照执行。

×××公司（企业）中心化验室（签章）

年　　月　　日

（三）×××公司（企业）中心化验室关于分析检验质量评价的公正性声明

为了保证中心化验室分析检验质量及其公正性，特作如下声明：

1. 中心化验室所有分析检验工作必须由经过考核合格的技术人员进行。严格按照《化验室质量管理手册》的规定，以科学认真的态度和熟练的操作技术完成各项分析检验任务。做到检验数据准确可靠，判定公正，保证提供符合规定质量的服务，对出具的分析检验报告负责。

2. 中心化验室的一切分析检验工作，坚持以分析检验数据为结果判断的唯一依据，检验工作不受行政、经济及其他利益的干预。

3. 完整保存分析检验的原始记录和数据，随时备查。

4. 为服务单位保守技术秘密，分析检验人员不从事与检验样品有关的技术咨询和技术开发工作。

×××公司（企业）中心化验室（签章）

年　　月　　日

（四）法定代表授权委托书

兹委托下述同志为×××公司（企业）中心化验室主任职务。

姓名：

性别：

职务：

技术职务：

工作单位：

单位地址：

×××公司（企业）（签章）

法定代表：×××

　年　　月　　日

（五）概述

1. 中心化验室基本情况

2. 业务范围和分析检验项目

3. 质量保证体系（包含人员培训计划及实施）

（六）各类人员岗位责任制

1. 中心化验室主任职责

2. 中心化验室副主任职责

3. 技术负责人职责

4. 质量保证负责人职责

5. 分析检验人员职责

6. 样品收发人员职责

7. 技术档案管理人员职责

8. 仪器设备维修人员职责

9. 人员培训及计划

（七）计量检测仪器设备的质量控制

1. 检测仪器设备管理办法

2. 仪器设备及检定周期一览表

3. 标准物质和仪器校验用基准物一览表

（八）分析检验工作的质量控制

1. 分析检验工作流程

2. 分析检验质量标准

3. 分析检验实施细则

4. 对分析检验设备的要求

5. 分析检验工作开始前的检查程序

6. 分析检验工作的质量控制

7. 分析检验工作结束后的检查程序

8. 未知物剖析（综合分析）工作流程

（九）原始记录和数据处理

1. 原始记录

2. 数据处理

（十）检验报告

1. 检验报告的内在及外观质量

2. 检验报告的审批

3. 检验报告的发送

4. 检验报告的更改

（十一）日常工作制度

1. 检验工作制度

2. 样品管理制度

3. 仪器及标准物质的管理制度

4. 检验质量申诉制度

5. 技术资料的管理及保密制度

6. 分析检验室的管理制度

7.《质量管理手册》执行情况检测制度

8. 其他制度

（十二）组织机构框图

（十三）中心化验室和分析检验室建筑平面分布图

（十四）中心化验室负责人及工作人员名单

（十五）附录

1. 检验项目表

2. 代码索引和标准方法索引

（十六）图表目录

图 1　质量保证体系框图

图 2　检验流程框图

图 3　未知物剖析（综合分析）工作流程图

图 4　组织机构框图

图 5　中心化验室和分析检验室建筑平面分布图

表 1　中心化验室近年（往前 2 年内）的人员培训情况

表 2　中心化验室近期（往后 2 年内）的人员培训计划

表 3　仪器设备及检定周期一览表

表 4　标准物质和仪器校验用基准物一览表

表 5　中心化验室工作人员一览表

表 6　检验项目一览表

表 7　中心化验室检验报告单（中文，必要时应有英文）

表 8　委托检验送样单

表 9　中心化验室仪器设备降级使用申请表

表 10　中心化验室分析检验事故报告

表 11　样品检验原始记录表

表 12　中心化验室资料存档登记表

表 13　中心化验室仪器设备停用或报废使用申请表

表 14　中心化验室仪器设备故障报告单

表 15　中心化验室检验质量申诉处理登记表

表 16　中心化验室技术资料销毁登记表

表 17　中心化验室仪器设备维修记录表

表 18　精密仪器使用登记表

 ## 第二节　检验过程质量保证

一、检验过程

化验室调度接到报检单（包括常规送检通知、临时工艺抽样检验指令、临时性抽检申请等）后，通知采样组采样，采回的试样送调度。调度将验收合格的报、送检样品送制样室进行制备，制好后返回调度，调度依据样品的检验要求送有关的检验组（室）如原料组（室）、中检组（室）和成品组（室）。有关的检验组（室）检查验收样品后，留取部分样品作为副样保存（也可由调度安排保存），然后安排具体人员进行检验、结果数据处理、填写检验报告，再交检验组（室）负责人审核后签字、送调度。调度接收检验报告，汇总、登记台账后发出正式检验报告书。在日常的检验过程中如出现异常情况，调度将根据质量负责人的要求，派出相关的技术监督人员（技术监督人员可从相关职能部门抽派），查明原因并作出相应的处理。

二、检验过程的质量控制

1. 采样和制样质量控制

样品一般为固体、液体和气体，采样的方法和要求各不相同。对样品的采样基本要求是所采取的样品应具有代表性和有效性。要做到这一点，采样应按照规定的方法或条例进行，以满足采样环节的质量保证。制样是使样品中的各组分尽可能在样品中分布均匀，以使进行检验的样品既能代表所采取样品的平均组成，也能代表该批物料的平均组成。所以，制样也应该按照规定的方法或条例进行。

2. 检验与结果数据处理的质量控制

检验人员收到检验组（室）检查验收的样品，根据检验方法要求进行准备，检查仪器设备、环境条件和样品状况。一切正常后开始按规定的操作规程对样品进行检验，记录原始数据。检验工作结束后，复核全部原始数据，确认无误后，对样品作检后处理。对分析结果数据的处理，要遵循有效数字的运算规则和分析结果数据处理的有关方法进行。要求检验结果至少能溯源到执行的标准或更高的标准，如国家标准、国际标准或某些方面要求更高的标准。

3. 其他注意事项

为了保证整个检验过程的质量，除上述两方面外，填写检验报告应准确无误；检验组（室）负责人审核报告必须仔细认真；调度在汇总、登记台账及发出正式检验报告书的过程中也不能疏忽大意；因各种原因（如停电、停水、停气、仪器设备发生故障、工作失误、样品问题等）造成检验工作中断，且影响检验质量，应做好相应记录并向上一级负责人报告，恢复正常后，该项检验应重新进行，已测得的数据作废。

对于大专院校和科研单位的中心化验室或分析测试中心，其主要任务是为本单位和社会提供分析检验服务。其分析检验的过程与生产企业化验室的分析检验过程有一些差异，详见图 6-2。

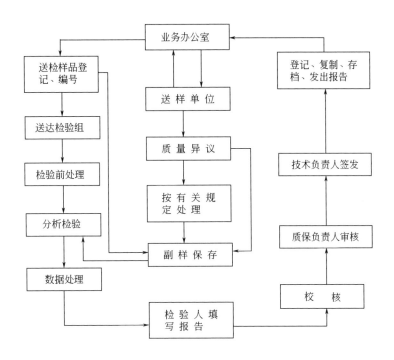

图 6-2　主要面向社会服务的检验过程

 # 第三节　检验人员综合素质保证

一、检验人员的技术素质

化验室检验系统的各类检验人员的技术素质必须达到检验质量保证体系明确规定的要求，否则不能上岗。怎样保证各类检验人员的技术素质呢？主要可以从以下几个方面进行控制。

1. 学历要求

从掌握专业知识和技能以及胜任检验工作等方面讲，化验室一线的检验人员起码应该获得中等职业技术教育学历或更高的学历。目前我国大多数企业化验室一线的检验人员基本都是中等职业技术学校工业分析与检验专业的毕业生。这些毕业生从专业知识和技能方面看，掌握了必需的科学文化基础知识、常用的化学分析方法和仪器分析方法的基本原理及操作技能；能正确理解和执行检验岗位的规范和技术标准；能正确选择和使用检验工作中常用的化学试剂，正确使用常用的分析仪器和设备，并能进行常规维护与保养；能正确处理检验数据和报告检验结果；对日常检验工作中出现的异常现象能找出原因，提出改进方法；掌握了检验岗位的安全和环境保护知识。所以，具备了从事检验工作的专业知识和职业技能。

随着企业以及化验室的技术进步，对检验人员的学历要求会逐步地提高到职业技术教育专科或更高层次。对使用大型精密检测仪器从事比较复杂的检验工作或研究性分析检验工作的检验人员，要求会更高。

2. 技术职务或技能等级要求

企业化验室一线的检验人员除学历要求之外，起码应取得劳动部门职业技能鉴定中心

（站）颁发的分析工中级资格技术等级证书。现阶段，多数职业技术教育院校在对学生进行学历教育的同时，一般在学生毕业之前，都要组织学生进行职业资格技术等级证书考核的复习，然后参加当地劳动部门职业技能鉴定中心（站）相应的职业资格技术等级证书考核，合格者便可获得相应的职业资格技术等级证书，以适应常规分析检验工作的要求。对于使用大型精密检测仪器从事比较复杂的检验工作或研究性分析检验工作的检验人员，要求具有更高的技术职务，如工程师、高级工程师或研究员等。

3. 实施检验人员培训计划

科学技术的发展，必然推动企业以及化验室的技术进步。化验室的技术进步主要表现在管理技术（理念、方法和手段）的进步、人员素质的提高、技术装备的领先（先进的仪器设备、先进的检测和试验技术或方法）等方面。其中，技术装备领先了，就要求检验人员必须进行知识更新，提高技术能力和水平，以此来适应先进技术装备的要求。所以，对检验人员进行有计划和针对性的培训，扩展他们的专业知识，提高他们的技术能力和水平，是保证检验质量所必须经常进行的工作，也是化验室检验质量保证体系运行的具体表现之一。

对检验人员按培训计划进行业务技术培训后，还要对每人进行定期的考核，考核成绩记入个人业务档案，考核合格者受聘上岗，不合格者待岗学习。

二、检验人员的全面素质

检验人员应具有良好的思想政治素质、社会责任感、与时俱进的意识和行动，勤学上进，跟上时代发展的步伐；遵守公民基本道德规范，具有良好的职业道德和行为规范、健康的生理和心理素质以及资源和环境等可持续发展意识；具有与社会主义市场经济建设相适应的竞争意识以及较强的事业心和责任感；爱岗敬业，热爱企业、热爱自己的工作岗位，有较强的团队精神和与人合作的能力；具有吃苦耐劳、艰苦创业和勇于创新精神；具有良好的文化基础知识和与检验工作相关的基础知识、基本理论、操作技能；具备初步阅读本专业技术资料、英文技术资料的能力及英文技术资料基本翻译技巧；具备基本的计算机操作技能和应用能力、分析解决问题能力、独立工作能力、理解和表达及终身学习能力；能认真履行岗位职责，把好检验工作质量关，为企业的发展尽职尽责。

第四节 检验仪器设备、材料和环境保证

监督检查化工标准实施的主要内容第三条"监督检查按标准进行检验"提出了3点要求：第一，监督检查是否具备执行标准所需的检测仪器设备，并能达到使用要求；第二，监督检查实验室环境条件是否满足标准要求；第三，监督检查测试仪器和检测设备及工具是否经过计量检定，并有计量检定证书。这就是说，化验室检验系统必须具备按执行标准进行生产工艺控制检验和产品检验所需的测试仪器和检测设备及相关的材料，并在性能或性质方面达到标准规定的要求。测试仪器和检测设备运行环境也要达到标准规定的要求。这样，既表明检验系统执行了相关的标准，同时也使检验工作和检验结果的质量得到充分的保证。

一、仪器设备保证

1. 仪器设备的数量

仪器设备数量的多少，从一个方面反映了化验室检验系统的检验能力。当企业的生产规

模确定以后，企业的质量管理部门就应围绕生产工艺控制检验和产品质量检验，收集和制定相应的检验技术标准或方法，核对化验室检验系统的检验能力。即将生产工艺控制检验和产品检验的技术标准进行分解，列出原料、半成品、产品的名称，检验项目，被测参数标准值及允许差，检验所用测试仪器和检测设备的型号、名称、测量范围、准确度、灵敏阈等。分析化验室检验系统现有的测试仪器和检测设备的检验能力，是否能将技术标准规定的检验项目全部覆盖。通过核对，找出化验室检验系统检验能力存在的不足，提出解决办法。如现有的测试仪器和检测设备的检验能力不能满足按技术标准进行生产工艺控制检验和产品检验的需要，而企业一时又无条件对缺少的仪器设备进行添置，则对不能检验的项目，可委托有检验能力的单位代为检验。

2. 仪器设备的性能

仪器设备的性能是否达到标准规定的要求，直接关系到检验工作和检验结果的质量。因此，在运行化验室检验质量保证体系的过程中，必须对化验室检验系统的仪器设备进行规范和科学的管理，以保证检验系统的测试仪器和检测设备的量程、偏移、精密度、稳定性和耐久性等性能得到有效的控制与管理，定期地对其进行调整、修理和校正。

为了保证检验数据的准确性和量值的统一，化验室检验系统在具备了所需的测试仪器和检测设备的同时，必须分别对各测试仪器和检测设备建立检定周期表，在使用这些测试仪器和检测设备的过程中，按检定周期表规定的周期进行计量检定，合格的取得合格检定证书，保证仪器设备的计量性能能够溯源到相应标准规定的要求。无论是送检还是自检的仪器设备，检定合格的要贴合格、准用标志，准许使用；检定不合格的应贴停用标志，停用，继续维修和检定，仍然不合格的，降级使用或报废。仪器设备的检定周期表格式和内容样表见表 6-1，仪器设备检定合格、准用、停用标志和颜色及使用范围见表 6-2。

表 6-1　仪器设备的检定周期表样表

序号	设备名称	厂家及型号	主要技术指标	检定周期/年	检定单位	最近检定日期	购置时间	设备原值/元	主要技术负责人	送检负责人
1	气相色谱仪	上海分析仪器厂 GC112A	FID：5×10^{-11} g/s　TDC：1500mV·mL/mg	2	市技监局技监站	20××.09	20××.09	48000	××	××
2	元素分析仪	意大利 Carlo Erba 1106	检测元素：C、H、N、O　准确度：0.3%～0.5%	2	自检	20××.10	20××.10	280000	××	××

表 6-2　仪器设备标志类型和颜色及使用范围

序号	标志类型	标志颜色	使用范围
1	合格标志	绿色	计量检定(包括自检)合格仪器设备
2	准用标志	黄色	计量检定(包括自检)合格的仪器设备；不需要检定，经检查其功能正常的仪器设备；无法检定，经对比或鉴定实用的仪器设备；某些功能已丧失而检测工作所用功能正常，且经检定合格而降级使用的仪器设备等
3	停用标志	红色	已损坏的仪器设备；经检定不合格的仪器设备；性能无法确定的仪器设备等

为了随时掌握测试仪器和检测设备的技术状态，可对仪器设备实施动态管理，对每台测试仪器或检测设备分别建立档案。其中包括测试仪器或检测设备的检定周期表，测试仪器或

检测设备使用、维护保养、修理、校正和检定等方面的记录情况。这样，可以随时了解仪器设备的技术性能变化情况，为检验工作和检验结果质量分析提供重要依据，及时掌握检验结果的准确程度。同时，还可以根据档案记录确定对仪器设备的维护保养、修理和校正，调整仪器设备的检定周期等。

二、材料保证

1. 通用化学试剂

化学试剂是化验室检验系统经常性消耗而且使用量较大的材料。化学试剂的优劣，对检验结果质量的影响非常大。在第四章化学试剂的分类情况中，已介绍了化学试剂依据其纯度和杂质含量的不同而分成不同的级别。不同级别的化学试剂其用途具有较大的差别。所以，工业生产的原料、半成品、成品（产品）的检验方法和用于其他方面的检验方法，对使用的化学试剂级别都有明确的规定。因此，在选择和使用具体检验工作的化学试剂时，必须严格遵守这些规定。

2. 标准物质

标准物质主要用于研究分析检验方法、评价分析检验方法、同一实验室或不同实验室间的质量保证、校准仪器设备和检验结果等。所以，它与检验工作和检验结果的质量是密切相关的。我国把标准物质分为两个级别，分别为：一级标准物质，代号为 GBW；二级标准物质，代号为 GBW(E)。一级标准物质和二级标准物质本身的要求有一定的差别，其用途也有一定的差别。因此，在检验工作中，如校准测试仪器或检验结果，一定要按规定正确地选用不同级别的标准物质，并注意标准物质的有效使用期；否则，将可能影响到检验工作和检验结果的质量保证。

三、仪器设备的运行环境保证

测试仪器和检测设备的运行环境（如温度、湿度、粉尘、噪声、磁场、电场等）对检验结果的准确性、重复性和再现性可能产生不同程度的影响，有时这种影响会直接影响到检验工作和检验结果的质量。因此，保证仪器设备有一个良好的运行环境，就是为了尽可能减小环境因素对仪器设备性能或测试数据的影响，从而确保检验工作和检验结果的质量。对各种测试仪器和检测设备的运行环境指标都有明确要求，特别是对一些精密仪器，要求运行环境指标较高。实际工作中，必须按要求严格控制测试仪器和检测设备的运行环境。表 6-3 是原子吸收分光光度计的运行环境要求。其他测试仪器和检测设备也都有相应的规定运行环境要求。

表 6-3　原子吸收分光光度计的运行环境要求

设备名称	厂家及型号	主要技术指标	购置时间	设备原值/元	主要运行环境指标要求	主要技术负责人
原子吸收光谱仪	上海第三分析仪器厂361MC 型	波长范围：190～900nm分辨率：优于 0.3nm	20××.09	48000	室温 5～35℃；避免阳光直射；无强烈振动或持续弱振动；无强磁场、强电场、高频波；湿度45%～85%；无测量光谱范围内有吸收的无机或有机气体、腐蚀性气体；无烟和少灰尘；有排气装置	××

想一想

　　大家都做过样品含量测定的实验，可是测量的结果往往不理想，与真值差别较大，究其原因，你可否利用化验室检验质量保证体系加以分析？

第五节　分析检验质量申诉与质量事故处理

　　正确地处理好检验质量申诉和检验质量事故，是保证和提高检验工作和检验结果质量必不可少的重要环节。尽管化验室已建立检验质量保证体系，但极个别的检验质量问题有时也难以避免。因此，为了处理好极个别的检验质量问题，要求在建立检验质量保证体系的同时还应制定出检验质量申诉和检验质量事故的处理办法，并认真地加以执行。

一、检验质量申诉处理

　　什么叫检验质量申诉呢？检验质量申诉是指检验结果的需方对检验结果或得出检验结果的过程提出疑问或表示怀疑，并要求提供检验结果的一方作出合理的解释或处理。

　　1. 检验质量申诉处理过程

　　遵照检验质量申诉和检验质量事故处理办法规定的程序，由检验质量负责人检查该项检验的原始记录和所使用仪器设备的状态，了解检验操作方法及检验过程。在此基础上召集相关的人员，通报了解的情况，分析原因，最后确定处理方案。

　　2. 检验质量申诉结果处理

　　通过前述的检验质量申诉处理过程，对检验质量申诉结果处理的方案一般有两种情况：第一，如果检验结果正确无误或检验过程合理，则通知申诉方，做好解释工作和其他善后事宜；第二，如果对检验结果的正确性有怀疑或检验过程确有差错，则重新校正仪器设备，对保留副样或新取样进行重新检验，并由检验质量负责人监督检验的整个过程，按规定程序得出和送出检验报告。

　　对检验质量申诉材料、处理检验质量申诉所采取的措施及处理结果，应详细记录并归档保存。

二、检验质量事故处理

　　1. 检验质量事故类别

　　（1）检验质量事故　是指由于人为的差错导致检验结果质量较差，造成了不好的影响。

　　（2）仪器设备损坏或人身伤亡事故　是指在检验工作过程中，由于人为的差错或一些客观的、不可预见的因素（如电压突然急升或突然停电、停气、停水或仪器设备温度失控等）导致仪器设备损坏或人身伤亡。

　　2. 检验质量事故处理过程

　　（1）检验质量事故　按检验质量事故处理办法规定的程序，由检验质量负责人组织相关人员，进行各方面调查了解，分析造成这种人为差错的原因，分清人为责任的比重，采取相应的处理措施，追究人为的责任。

（2）仪器设备损坏或人身伤亡事故　由检验质量负责人和安全工作负责人组织相关人员，认真勘察事故现场，了解相关人员，查明事故各方面的原因，召开专门会议，分析原因，研究处理方案。

3. 检验质量结果处理

（1）检验质量事故结果处理　通过前述的检验质量事故处理过程，在分清人为责任比重的基础上，对责任人给予批评教育，促使其增强工作责任心，提高自身的检验工作技能和检验工作质量。同时，尽快对保留副样或新取样进行重新检验，按规定程序得出和送出检验报告，填写事故报告，上报存档。

（2）对仪器设备损坏或人身伤亡事故结果处理　如果是人为因素造成的此类事故，应分清人为责任的比重，采取相应的行政手段和经济手段，追究责任人应承担的责任。同时，应及时对损坏的仪器设备进行修理、调试和鉴定，尽快恢复使用（不能修好的例外）。有人身伤亡的，做好相应的善后处理工作。对事故的处理过程和处理结果，应进行详细的登记、存档，并填写事故报告，上报存档。

第六节　检验质量保证体系运行的内部监督评审

一、实施内部监督评审的作用

实施化验室检验质量保证体系运行的内部监督评审，是为了促进化验室检验质量保证体系能充分有效地运行。我国已是世界贸易组织（WTO）的成员国，为了和国际质量管理或标准接轨，国家的质量管理方针、政策、标准和有关规定会依情况的变化而作出相应的调整，相关企业的质量方针和质量体系也会作出相应的调整。因此，化验室检验质量保证体系必须作出具体的调整来与企业的质量方针和质量体系相衔接。如对检验质量保证体系的有关文件进行修改、说明和补充，进行仪器设备的更新换代，实施技术人员的培训等，以满足实际工作的需要。

二、实施内部监督评审的程序

1. 建立组织机构

实施内部监督评审，首先应建立由企业质量管理部门负责人及相关管理和技术人员组成的监督评审组，并制定相应的工作程序和制度，确定工作任务。

2. 内部监督评审的任务

内部监督评审的任务是审查检验质量保证体系的各种文件和技术资料，进行现场检查和评审并作出检查评审报告。

3. 内部监督评审工作

内部监督评审工作可分为审核文件、现场评审的准备、现场检查与评审和提出评审报告4个方面。

（1）审核文件　是实施现场检查与评审的基础工作。审核的主要内容是质量管理手册及检验质量保证体系的其他文件资料。其目的是了解化验室检验质量保证体系的运行情况，督促化验室根据情况的变化和实际的需要对检验质量保证体系的有关文件进行修改、说明和补充等。

（2）现场评审的准备　监督评审组实施现场检查的准备工作是在审核文件之后，根据需要进行的预备工作，预备工作包括监督评审组成员的分工、确定现场检查的日期及进度、明确检查的重点项目和检查方法、准备评审记录表等。

（3）现场检查与评审　是在通过审查检验质量保证体系的各种文件之后，对检验质量保证体系实际运行情况进行了解，并对其运行的实效性作出评审，判定化验室检验系统是否真正具备检验质量保证体系规定的要求和能力。这是以现场的实际情况为对象，掌握信息和情况以判定检验质量保证体系的质量保证能力，在此基础上，得出评审结论。

现场检查与评审大致可分为 4 个步骤进行，即首次会议、现场审核、编写评审报告和总结会议。

① 首次会议。是由监督评审组组长主持，主要内容有：与化验室相互介绍成员；确认检查范围；确定检查评审的方法及程序；磋商如何保证检查组能及时得到评审所需的与检验质量保证体系有关的资料和记录；安排人员配合等。正式检查之前可在化验室有关人员陪同下参观化验室的专业工作室、技术档案等。

② 现场审核。现场审核按照监督评审组制订的计划和检查表所要求的内容进行，也可根据实际情况适当调整。现场审核是较关键的环节，要深入细致地逐项检查和审核，其方式可以灵活，按情况而定，一般有：面谈、查阅文件和记录、审核主要仪器设备数量及运行状况、观察现场的检验实际工作等。

③ 编写评审报告。监督评审组全体成员研究检查情况，对检查的情况进行实事求是的评审，要有明确的结论，如合格、待改进、不合格。评审的程序一般是根据各个检查项目的检查情况，对其作出评价总结，其次是对检验质量保证体系的要素作出恰当的评价，最终对检验质量保证体系总的情况作出综合的评价结论。

④ 总结会议。是监督评审组向化验室通报监督评审结果，化验室负责人及相关人员参加，由监督评审组组长报告并就有关问题进行说明。化验室负责人应对监督评审结果表态，提出意见和必要的解释。双方在监督评审总结上签字。

（4）提出评审报告　监督评审组经过现场检查与评审后，由监督评审组编写经全组成员签字的评审报告，该报告是检查工作程序的总结报告，其中包含检查所依据的文件、现场检查记录表、检查出不合格项目记录、有争议问题的记录以及检验质量保证体系实际运行情况与其规定标准相符合的程度评价等。

对评审中发现的问题，属于硬件方面的，如仪器设备不足等，监督评审组应会同化验室向上一级部门反映，争取得到解决；属于软件方面的，如管理制度等，则应敦促化验室及时予以改进。

课程思政小课堂

斯隆——质量十字扳手

质量管理培训中质量目标是灵魂。质量目标是在质量规划、设计等阶段为解决当前或未来可能发生的质量问题，制定出富有建设性的质量目标，选择最佳质量管理方案，以指导企业质量工作分析过程。

斯隆是美国汽车工业辉煌期的又一位企业家和科学管理探索者。阿尔弗雷德·斯隆1920 年接管通用汽车公司的时候，福特汽车在美国的市场占有率为 60%，而通用汽车只有12%。于是阿尔弗雷德·斯隆下决心要以福特汽车公司为追赶和超越目标，他在潜心研究福特大批量生产方式的同时，也大胆地进行改善和创新。他担任通用汽车公司的总裁及

CEO 长达 33 年，管理通用汽车公司是历史的新挑战，那时，还没有一个公司像通用汽车这样庞大。他创立了很多相关的管理办法，最著名的就是他采用事业部的组织形式进行管理。

按照生产活动的过程，斯隆把公司划分为不同的事业部，每个事业部独立核算，具有经营管理的自主权，同时又受控于总公司的利润中心，也就是后来的集团公司制。斯隆创立了很多影响深远的管理制度，包括会计成本分析、车型定价策略、车型每年更新制等。而大集团的会计制，目前仍然沿用。当时的会计制，即使车没有卖出去，库存也是现金。毕竟当时是卖方市场，奇货可居。这种把库存当作等值现金，以及把工人当作制造消耗成本等，对全球制造业产生深远的影响，至今仍然可以在很多工厂看到这种影子。

质量管理跟质量工程，就像 DNA 一样的双螺旋交织在一起。在整个工业化的过程中，质量的理论和工具也在不断发生变化，企业家的质量思维也需要发生变化。如果不熟悉质量的历史，不敬重质量体系的形成，制造就是一场儿戏。

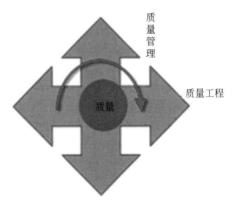

十字扳手：有力量的质量扭矩

质量工程与质量思维交织在一起，大大推动了制造业的质量水平。两人的问题，就是一个管理问题，研究质量，应从工程和管理两个角度同时用力。可以说，质量工程就是中国大写的"一"字，而质量管理则是阿拉伯的"1"字，二者合力形成一个十字扳手，成为有力量的质量拧矩。任何一个国家的制造业要崛起，都离不开这样的一个十字质量扭矩。

 阅读材料

质量管理教育培训办法

一、目的

提高员工的质量意识、质量知识及质量管理能力，使员工充分了解质量管理工作的内容及方法，以保证产品的质量；使质量管理人员具备良好质量管理理论基础和实施质量管理的技巧，以发挥质量管理的最佳效果；协助协作厂商建立质量管理制度。

二、范围

本公司所有的员工及协作厂商。

三、实施单位

由质量管理部负责策划与执行，并由管理部协办。

四、实施要点

（一）依教育训练的内容，分为以下3类：

1. 质量管理基本教育

参加对象为本公司所有员工。

2. 质量管理专门教育

参加对象为公司质量管理人员、化验室人员、生产部及工程部的各级工程师与单位主管。

3. 协作厂商质量管理

参加对象为协作厂商。

（二）依训练的方式，分为以下两种：

1. 公司内培训

为本公司内部自行培训，由本公司或外聘教师讲授。

2. 公司外培训

选派公司员工参加外界举办的质量管理讲座。

（三）计划的制订

由公司质量管理部先拟订"质量管理教育培训长期计划"，列出应接受培训的各层次人员，经核准后，依据长期计划，拟订"质量管理教育培训年度计划"，列出各部门接受培训人数，经核准后实施，并将计划送管理部转各部门。

（四）培训常规管理

质量管理部应建立每位员工的质量管理教育培训记录卡，记录该员工接受培训的课程名称、学时数、日期、考核成绩等。

五、本办法经质量管理委员会核定后实施，修订时亦同。

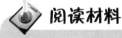 阅读材料

质量管理部工作内容

一、参与产品的研究开发及试验。

二、对半成品、产品规格及生产工艺和操作规程，提出改进意见或建议。

三、确定原材料、半成品、产品检验标准和检验规程。

四、质量异常的妥善处理及监督鉴定不合格产品。

五、检验仪器与量规的管理与校正，进行库存品的抽验。

六、原料供应商、外协加工厂商等交货实际质量的整理与评价。

七、督导并协助协作厂商改善质量，建立质量管理制度。

八、制程巡回检验。

九、制程管理与分析，个案研究，并制定再发防止措施。

十、客户抱怨案件及销货退回的分析、检查和处理。

十一、资料反馈给有关单位。

十二、质量管理日常检查工作。

十三、质量保证工作。

十四、研究制订并执行质量管理教育培训计划。

十五、协助公司最高层制定质量方针；制定公司质量体系和质量管理措施，推行全面质量管理。

十六、其他有关质量管理事宜。

思考与练习题

一、填空题

1.化验室检验质量保证体系包含（   ）、（   ）、（   ）、（   ）和（   ）5个基本要素。

2.检验过程的质量控制主要包括（   ）、（   ）和（   ）3个方面。

3.监督检查按标准进行检验提出的3点要求分别是（   ）、（   ）和（   ）。

4.仪器设备合格标志是（   ）色，准用标志是（   ）色，停用标志是（   ）色。

5.检验质量申诉是指（   ），检验质量事故是指（   ），仪器设备损坏或人身伤亡事故是指（   ）。

6.实施化验室检验质量保证体系运行的内部监督评审程序包括（   ）、（   ）、（   ）和（   ）。

二、选择题

1.为了保证检验人员的技术素质，可从（   ）。

A 学历、技术职务或技能等级、实施检验人员培训等方面进行控制

B 具有良好的职业道德和行为规范方面进行控制

C 学历和技术职务或技能等级两方面进行控制

D 实施有计划和针对性的培训来进行控制

2.仪器设备保证包括的方面有（   ）。

A 仪器设备的稳定性和耐久性

B 仪器设备的数量和性能

C 对仪器设备进行调整、修理和校正

D 对仪器设备建立检定周期表

3.仪器设备的运行环境（   ）。

A 对检验结果无影响

B 对检验结果影响不大

C 将影响检验结果的准确性、重复性和再现性

D 只影响检验结果的重复性

4.内部监督评审的工作包括（   ）。

A 现场评审的准备、现场检查与评审和提出评审报告3个方面

B 现场检查与评审和提出评审报告2个方面

C 审核文件等5个方面

D 审核文件、现场评审的准备、现场检查与评审和提出评审报告4个方面

5.现场检查和评审可分为（   ）。

A 审核文件、现场检查与评审和提出评审报告3个方面

B 现场审核、编写评审报告和总结会议3个步骤

C 首次会议、现场审核、编写评审报告和总结会议 4 个步骤

D 首次会议、现场审核、编写评审报告 3 个步骤

三、问答题

1. 构建化验室检验质量保证体系的依据是什么？如何构建化验室检验质量保证体系？

2. 如果你是中心化验室的主任，你认为自己应该有哪些职责？

3. 什么是公民基本道德规范？检验人员全面素质的内涵有哪些？

4. 简述检验质量申诉处理和检验质量事故处理的程序与方法。

第七章

化验室的环境与安全

知识目标

1. 了解化验室环境的管理，理解质量工作区域的控制意义，掌握化验室安全守则。
2. 了解化验室不安全因素内容，掌握防火、防爆、防中毒和灭火等知识。
3. 掌握化验室废气、废液和废渣的处理方法。
4. 了解电气安全常识，掌握化验室常用电器设备的操作和注意事项。
5. 了解气体钢瓶类别和颜色标识，掌握气体钢瓶的存放、维护和使用方法。
6. 了解化验室外伤的救治方法和化验室文明卫生的要求，理解安全标志与危险化学品标志的意义。

能力目标

1. 根据化验室废气、废液和废渣的处理方法，能够设计本校实验室废液处理方案。
2. 根据化验室常用电器设备及安全用电的总体要求，能够正确使用电炉、高温电炉、电热恒温干燥箱、电热恒温水浴等电器设备。
3. 根据化验室气瓶的安全使用内容，能够鉴别气瓶内气体种类和正确使用气瓶。
4. 根据化验室外伤救治的措施，能够对意外受到的烧伤、创伤、冻伤和化学灼伤采取适当的救治方法。
5. 根据安全标志与危险化学品标志，能够由图形符号、安全色、几何形状等分辨各标志的意义。

 第一节　化验室的环境

为了保证检验结果的准确率和有效性，化验室必须具备与检验任务相适应的工作环境，并在必要时配置环境监控设施，对可能影响检验工作的环境因素进行有效的监控。

一、化验室环境的管理

1. 化验室的位置

化验室的位置应远离生产车间、锅炉房和交通要道等地方，防止粉尘、振动、噪声、烟雾、电磁辐射等环境因素对分析检验工作的影响和干扰。此外，化验室应与办公室场所分离，以防对检验工作质量产生不利影响。对于生产控制的化验室，可设在生产车间附近，以方便取样和报送分析结果。

2. 化验室的环境

化验室应根据各室工作的具体要求配备必要的通风、照明和能源等设备，其建筑结构、面积和排水、温湿度等应满足检验工作的要求。对于特殊的工作区域的各种辅助设施和环境要求，要按其特殊规定的要求配置设施，必要时应经过验证。此外，为保证检验工作的正常开展，各部门应配备足够和适用的办公、通讯及其他服务性设施，并按有关规定加强管理。

3. 化验室的人员

为了确保检验质量，在保证化验室必备的环境条件下，还必须保证化验室人员具有较高的文化素质及高度的事业责任心，这对于准确度要求较高的化验室来讲绝对不可忽视。因此，检验人员进入化验室，必须更换工作服，工作时严格遵守岗位制度及操作规程。检验室应始终保持良好的卫生环境，物品放置做到定置管理，与检验无关的物品不准带入检验室，室内不准进行与检验无关的活动。

二、维持与控制

优良的实验室设施和环境（客观环境和人员表现行为）是保证检验工作顺利完成的基本条件；维持与控制是有效完成检验过程不可缺少的两个重要环节。

1. 维持

维持的主要作用是使与检验工作相关的各种因素（例如环境条件、设备性能、人员状况等）始终保持着一个优良的状态，它具有经验性的特征。

一个检验室各种设施的完好性和环境条件的符合性来自日常维护与管理。因此，检验人员应经常对其使用的试验设施进行维护和检修，对其环境条件进行监测及控制，使其设施处在完好状态，使其环境条件符合检验工作条件的要求，在这一状态下，检验人员能够很好地完成检验工作。相反，若在测试中，环境条件发生变化、仪器设备不稳定，这些因素的变化都给检验工作的最终结论带来误差，将造成测试结果的可信度降低。

2. 控制

控制的主要作用是在依据标准的前提下，通过监督与纠偏的方法有效地完成检验工作的过程，它具有监管性的特征。

对于检验工作，控制可以通过两种渠道达到目的。其一是在检验过程中，若环境条件对测试结果和设备精度有影响，应按影响程度采取不同的监控措施，必要时配备相应的监控与记录设备，即设施监控；其二是质量监督人员在履行监督职责时，发现检验过程中环境条件或辅助设施不符合要求，应提出纠正和整改意见，必要时责成检验人员终止试验，对此间出具的检验数据的有效性应作分析和判断处理，即人员监控。

综上所述，通过控制可以发现测试过程中存在的问题和偏差，并能够及时地采取纠正措施，杜绝和避免事故发生，保质保量地完成检验工作。

三、质量工作区域的控制

所谓的质量工作区域是指完成组织质量目标而实施作业的场所。由于这些场所的工作性质直接与质量目标有着密切的联系，因此为满足质量要求，需要对这些场所进行控制。

对质量工作区域实施控制有两个目的：一是确保分析检验结论的准确率和有效性，防止其他外来因素带来的不利影响；二是对于特殊目的的研究、开发的最新成果或实验室中的重要结论等需要保密，必须进行控制，以防泄密。由此可见，对于某些特殊环境要求的质量工作区域进行控制是非常必要的。

质量工作区域实施控制应有明显的标识，以引起人们的注意。如禁止入内、非本室人员禁止入内、顾客止步、外来人员禁止入内等标识。对有标识的区域，无关人员未经批准不得随意出入，以免影响环境的稳定和检验工作的安全。对于外来人员要进入有特殊环境要求的工作区域，需经办公室同意，并有相关人员陪同方可进入受控工作区，进入受控工作区域后，必须遵守受控区域的保密规定及其他有关管理制度要求。

第二节　化验室安全技术

安全技术是为了消除生产中引起事故的潜在因素，在技术上采取的各种具体措施的总称。它主要是解决如何防止和消除突然事故对于职工安全的威胁问题。

安全与环境保护工作牵系着国计民生，抓好安全与环境保护工作是我国的一贯政策。安全是生命之本，违章是事故之源。保护实验人员的安全和健康，防止环境污染，保证化验室工作安全、正常、有序、顺利进行，是化验室管理的一项重要工作。

一、化验室安全守则

1. 意义

无论做多么简单的实验，在进行实验之前，首先要了解化验室的自然环境并熟悉与实验过程相关的知识。做到事先有充足的准备，使工作脉络清晰，即知道自己去做什么、为什么做、采用何种途径去做、在做的过程中应注意什么、出现意外事故应如何处理。这样就可以避免事故发生，做到万无一失。

2. 安全守则

① 分析人员必须认真学习分析规程和有关的安全技术规程，了解设备性能及操作中可能发生事故的原因，掌握预防和处理事故的方法。

② 进行有危险性的工作，如危险物料的现场取样、易燃易爆物品的处理、焚烧废液等应有第二者陪伴，陪伴者应处于能清楚看到工作地点的地方并观察操作的全过程。

③ 玻璃管与胶管、胶塞等拆装时，应先用水浇湿，手上垫棉布，以免玻璃管折断扎伤。

④ 打开浓盐酸、浓硝酸、浓氨水试剂瓶塞时应戴防护用具，在通风柜（橱）中进行。

⑤ 夏季打开易挥发溶剂瓶塞前，应先用冷水冷却，瓶口不要对着人。

⑥ 稀释浓硫酸的容器如烧杯或锥形瓶要放在塑料盆中，只能将浓硫酸慢慢倒入水中，不能相反！必要时用水冷却。

⑦ 蒸馏易燃液体严禁用明火。蒸馏过程不得离人，以防温度过高或冷却水突然中断。

⑧ 化验室内每瓶试剂必须贴有明显的与内容相符的标签。严禁将用完的原装试剂空瓶不更新标签而装入别种试剂。

⑨ 操作中不得离开岗位，必须离开时要委托本室人员负责看管。

⑩ 化验室内禁止吸烟、进食，不能用实验器皿处理食物。离开化验室前用肥皂洗手。

⑪ 工作时应穿工作服，长发要扎起，不应在食堂等公共场所穿工作服。进行有危险性的工作要加戴防护用具。最好能做到做实验时都戴上防护眼镜。

⑫ 每日工作完毕检查水、电、气、窗，进行安全登记后方可锁门。

3. 安全作业证制度

凡是对生产经营安全与从业人员安全健康有不良影响的各种作业活动，如动火、设备检修、维修、吊装、爆破等危险性作业，其组织者或作业者需要事先提出申请，经生产经营单位的安全生产管理部门审查批准，发放作业许可证后才能从事该项作业活动，这就是安全作业证制度。

二、化验室潜藏的危险因素

1. 潜藏危险的客观因素

众所周知，化验室是通过各类化学试剂及相关辅助电气设备实现和完成实验的全过程。化验室客观潜藏危险性主要是由于使用的试剂或储存的化学药品中，有的具有挥发性，有的具有易燃性，有的具有毒性及腐蚀性，甚至在实验中某些化学反应还会产生有毒有害气体，也有可能反应控制不当造成燃烧或爆炸等，这些都是客观存在的事实。除此之外，由于操作者在实验过程中的不慎、粗枝大叶，也会造成偶然的意外事故发生。

2. 潜藏危险性的分类

（1）爆炸危险性　化验室发生燃烧的危险带有普遍性，这是由于化验室中经常使用易燃物品，如低温着火性物质（P、S、Mg），此类物质受热或与氧化性物质混合，即会着火；再如乙醚、乙醛等有机溶剂，它们的着火温度及燃点很低而易着火；又如易爆物品如强氧化性物质（高氯酸盐、无机氧化物、有机过氧化物等），此类物质因加热撞击而发生爆炸，故要远离烟火和热源。此外，实验中还常使用高压气体钢瓶、低温液化气体、减压蒸馏与干馏等设备，如果处理不当，再遇上明火或撞击，往往酿成火灾事故，轻者造成人身伤害、仪器设备破损，重者则造成人员伤亡、房屋破损。

（2）中毒危险性　化验室中大多数化学药品是有毒物质，这种说法并不夸张。通常，进行实验时，因为用量很少，一般不会引起中毒事故，除非严重违反使用规则。但是，毒性较大的物质以及化学反应中产生的有毒气体，如果不注意都能引起中毒事故的发生，甚至会有生命危险。

（3）触电危险性　检验工作离不开电气设备，如加热用的电炉、灼烧用的高温炉、测试用的各类仪器设备等。这些都直接与电有关，在频繁的分析测试过程中，如果不认真执行操作规程，就可能造成触电，甚至会由触电引发更大的事故。

（4）割伤、烫伤和冻伤危险性　检验工作经常用到玻璃器皿，如配制标准溶液、滴定分析操作，有时还要切割玻璃管用于连接胶管操作，也时常用电炉等加热设备进行样品溶解，有时也接触冷冻剂用于某种实验目的。所有这一切，如果操作者在操作过程中疏忽大意或思想不集中，就完全可能造成皮肤与手指等部位割伤、烫伤或冻伤。

（5）射线危险性　从事放射性物质分析及 X 射线衍射分析的人员，由于常年进行着例行分析工作，如果不十分重视射线的防护，很有可能受到放射性物质及 X 射线的伤害。

综上所述，虽然客观上存在着潜藏的危险性，但是，只要我们严格地按操作规程及规章制度去做，坚持安全第一的原则，预防措施妥当，就完全可以减免事故发生的频率，甚至完全杜绝事故的发生。

三、化验室的防火、防爆与灭火

为什么物质能够起火？起火原因是什么？大量事例证明，物质起火的根本原因是该物质同时具备了起火的 3 个条件，即物质本身的可燃性、氧气存在和已达到或高于该物质的着火温度（着火点），此时若遇到明火或加热，该物质就会燃烧。不过，当任何可燃物的温度低于着火点时，即使氧气存在也不会燃烧。因此，控制可燃物的着火温度是防止起火的关键。

1. 常见易燃易爆物质

易燃易爆物质均属于危险化学品，它包括爆炸品、压缩气体和液化气体、易燃液体、易燃固体、自燃物品和遇湿易燃物品、强氧化剂和有机过氧化物等。

（1）爆炸品　包括纯粹的火药和炸药以及易分解的爆炸性物质。如硝酸酯、硝基化合物、有机叠氮化物、臭氧化物、高氯酸盐、氯酸盐等。此类物质常因烟火、加热或撞击等作用而引起爆炸。

（2）压缩气体和液化气体　包括氢气、氧气、乙炔、氮气、甲烷、乙烷、丙烯、乙烯、丁烯、环丙烷、丁烷、硫化氢、二硫化碳、氨等。当气体在空气中达到一定浓度时，遇明火将会燃烧或爆炸。

（3）易燃液体　包括二硫化碳、乙醛、戊烷、乙醚、异戊烷、石油醚、汽油、己烷、庚烷、辛烷、戊烯、邻二甲苯、甲醇、乙醇、二甲醚、丙酮、吡啶、氯苯、甲酸酯类、乙酸酯类等。此类物质具有着火点和燃点很低的特性，极易着火，使用时要十分注意。

（4）易燃固体　包括黄磷、红磷（P）、硫化磷（P_4S_3、P_2S_5、P_4S_7）、硫黄（S）、金属粉（Mg、Al）等。此类物质受热或与氧化性物质混合即会着火。因此，使用时要远离热源、火源及氧化性物质。

（5）自燃物品　包括有机金属化合物 R_nM（R＝烷基或烯丙基，M＝Li、Na、K、Rb、Se、B、Al、Ga、P、As、Sb、Bi、Ag、Zn）及还原性金属催化剂，如铂（Pt）、钯（Pd）、镍（Ni）等。这类物质一接触空气就会着火。

（6）遇湿易燃物品　包括金属钾（K）、金属钠（Na）、碳化钙（CaC_2）、磷化钙（Ca_3P_2）、氢化锂铝（$LiAlH_4$）等。这类物质与水作用，放出氢气或其他易燃气体而引起着火或爆炸。

（7）强氧化剂和有机过氧化物　强氧化剂包括氯酸钠（$NaClO_3$）、氯酸钾（$KClO_3$）、氯酸铵（NH_4ClO_3）、氯酸银（$AgClO_3$）、高氯酸铵（NH_4ClO_4）、高氯酸钾（$KClO_4$）、过氧化钠（Na_2O_2）等。

有机过氧化物包括烷基氢过氧化物（R—O—O—H）、二烷基过氧化物（R—O—O—R′）、酯的过氧化物（R—CO—O—O—R′）等。此类物质因加热或受到撞击极易发生爆炸。

2. 化验室的防火和防爆措施

化验室的着火和爆炸事故的发生，与易燃易爆物质的性质有密切关系，与操作者粗心大意的工作态度有直接关系。因此，根据化验室起火和爆炸发生的原因，预防工作可采取下列针对性措施。

（1）预防加热过程着火　加热操作是化验室分析检验中不可缺少的一项基本操作，而多数的着火原因均是由加热引起，因此加热时应采取如下措施。

① 在加热的热源附近严禁放置易燃易爆物品。

② 灼烧的物品不能直接放在木制的实验台上，应放置在石棉板上。

③ 蒸馏、蒸发和回流易燃物时，绝不允许用明火直接加热，可采用水浴、砂浴等加热。

④ 在蒸馏、蒸发和回流可燃液体时，操作人员不能离开现场，要注意仪器和冷凝器的正常运行。

⑤ 加热用的酒精灯、煤气灯、电炉等加热器使用完毕后，应立即关闭。

⑥ 禁止用火焰检查可燃气体（如煤气、乙炔气等）泄漏的地方，应该用肥皂水来检查漏气。可燃气体的爆炸极限见表 7-1。

表 7-1　可燃气体、蒸气与空气混合时的爆炸极限（体积分数）　单位：%

物质名称及化学式	爆炸下限	爆炸上限	物质名称及化学式	爆炸下限	爆炸上限
氢（H_2）	4.1	75	乙酸乙酯（$C_4H_8O_2$）	2.2	11.4
一氧化碳（CO）	12.5	75	吡啶（C_5H_5N）	1.8	12.4
硫化氢（H_2S）	4.3	45.4	氨（NH_3）	15.5	27.0
甲烷（CH_4）	5.0	15.0	松节油（$C_{10}H_{16}$）	0.80	—
乙烷（C_2H_6）	3.2	12.5	甲醇（CH_4O）	6.7	36.5
庚烷（C_7H_{16}）	1.1	6.7	乙醇（C_2H_6O）	3.3	19.0
乙烯（C_2H_4）	2.8	28.6	糠醛（C_4H_3OCHO）	2.1	—
丙烯（C_3H_6）	2.0	11.1	甲基乙基醚（C_3H_8O）	2.0	10.0
乙炔（C_2H_2）	2.5	80.0	二乙醚（$C_4H_{10}O$）	1.9	36.5
苯（C_6H_6）	1.4	7.6	溴甲烷（CH_3Br）	13.5	14.5
环己烷（C_6H_{12}）	1.3	7.8	溴乙烷（C_2H_5Br）	6.8	11.3
甲苯（C_7H_8）	1.3	6.8	乙胺（$C_2H_5NH_2$）	3.6	13.2
丙酮（C_3H_6O）	2.6	12.8	二甲胺［$(CH_3)_2NH$］	2.8	14.4
丁酮（C_4H_8O）	1.8	9.5	水煤气	6.7	69.5
氯甲烷（CH_3Cl）	8.3	18.7	高炉煤气	40~50	60~70
氯丁烷（C_4H_9Cl）	1.9	10.1	半水煤气	8.1	70.5
乙酸（$C_2H_4O_2$）	5.4	—	发生炉煤气	20.3	73.7
甲酸甲酯（$C_2H_4O_2$）	5.1	22.7	焦炉煤气	6.0	30.0

⑦ 倾注或使用易燃物时，附近不得有明火。

⑧ 点燃煤气灯时，必须先关闭风门，划着火柴，再开煤气，最后调节风量。停用时要先闭风，后闭煤气。

⑨ 身上或手上沾有易燃物时，应立即清洗干净，不得靠近火源，以防着火。

⑩ 化验室内不宜存放过多的易燃易爆物品，且应低温存放，远离火源。

（2）预防化学反应过程着火或爆炸　正常的化学反应可以给分析检验带来预期的结果，但有的化学反应却带来危险，特别是对性质不清楚的反应，更应引起注意，以防突发性的事故发生。

① 检验人员对其所进行的实验，必须熟知其反应原理和所用化学试剂的特性。对于有危险的实验，应事先做好防护措施以及事故发生后的处理方法。

② 易发生爆炸的实验操作应在通风橱内进行，操作人员应穿戴必要的工作服和其他防护用具，且应两人以上在场。

③ 严禁可燃物与氧化剂一起研磨，以防发生燃烧或爆炸。常见的易爆混合物见表 7-2。

④ 易燃液体的废液应设置专用储器收集，不得倒入下水道，以免引起燃爆事故。

⑤ 检验人员在工作中不要使用不知其成分的物质，如果必须进行性质不明的实验，试料用量先从最小计量开始，同时要采取安全措施。

⑥ 及时销毁残存的易燃易爆物品，消除隐患。

表 7-2　常见的易爆混合物

主　要　物　质	相 互 作 用 的 物 质	产 生 结 果
浓硝酸、硫酸	松节油、乙醇	燃烧
过氧化氢	乙酸、甲醇、丙酮	燃烧
溴	磷、锌粉、镁粉	燃烧
高氯酸钾(盐)	乙醇、有机物	爆炸
氯酸盐	硫、磷、铝、镁	爆炸
高锰酸钾	硫黄、甘油、有机物	爆炸
硝酸铵	锌粉和少量水	爆炸
硝酸盐	酯类、乙酸钠、氯化亚锡	爆炸
过氧化物	镁、锌、铝	爆炸
钾、钠	水	燃烧、爆炸
红磷	氯酸盐、二氧化铅	爆炸
黄磷	空气、氧化剂、强酸	爆炸
乙炔	银、铜、汞(Ⅱ)化合物	爆炸

3. 化验室的灭火

主导原则是：一旦发生火灾，工作人员应冷静沉着，快速选择合适的灭火器材进行扑救，同时注意自身的安全保护。

（1）灭火的紧急措施

① 防止火势扩展，首先切断电源，关闭煤气阀门，快速移走附近的可燃物。

② 根据起火的原因及性质，采取妥当的措施扑灭火焰。

③ 火势较猛时，应根据具体情况，选用适当的灭火器，并立即与火警联系，请求救援。火源类型及选用的灭火器见表 7-3。

表 7-3　火源类型及灭火器的选用

燃烧物质（着火源）	灭 火 器 的 选 用
木材、纸张、棉花	水、酸碱式和泡沫式灭火器
可燃性液体，如石油化工产品、食品油脂等	泡沫式灭火器、二氧化碳灭火器、干粉灭火器和1211[①]灭火器
可燃气体如煤气、石油液化气等；电器设备、精密仪器、档案资料	1211灭火器、干粉灭火器
可燃性金属，如钾、铝、钠、钙、镁等	干砂土、7150[②]灭火器

① 1211即二氟一氯一溴甲烷，它在火焰中气化时产生一种抑制和阻断燃烧链反应的自由基，使燃烧中断。

② 7150即三甲氧基硼氧六环，它受热分解，吸收大量热，并且在可燃金属表面形成氧化硼保护膜，将空气隔绝，使火熄灭。

（2）灭火时的注意事项

① 一定要根据火源类型选择合适的灭火器材。如能与水发生猛烈作用的金属钠、过氧化物等失火时，不能用水灭火；比水轻的易燃物品失火时，不能用水灭火。

② 电器设备及电线着火时须关闭总电源，再用四氯化碳灭火器熄灭已燃烧的电线及设备。

③ 在回流加热时，由于安装不当或冷凝效果不佳而失火，应先切断加热源，再进行扑救。但绝对不可以用其他物品堵住冷凝管上口。

④ 实验过程中，若敞口的器皿中发生燃烧，在切断加热源后，再设法找一个适当材料盖住器皿口，使火熄灭。

⑤ 对于扑救有毒气体火情时，一定要注意防毒。

⑥ 衣服着火时，不可慌张乱跑，应立即用湿布等物品灭火，如燃烧面积较大，可躺在

地上打滚，熄灭火焰。

（3）灭火器的维护

① 灭火器应定期检查并按时更换药液。

② 临使用前必须检查喷嘴是否畅通，如有阻塞，应用铁丝疏通后再使用，以免造成爆炸。

③ 使用后应彻底清洗，并及时更换已损坏的零件。

④ 灭火器应安放在固定明显的地方，不得随意挪动。

四、常见化学毒物的中毒和急救方法

化验室的分析检验工作离不开化学试剂，而大多数化学试剂是有毒的。但这并不意味着实验不能做，化学试剂不敢碰。只要我们了解所用试剂的性质，掌握正确的使用方法，就完全可以避免中毒。

1. 中毒和毒物的分级

（1）中毒　是指某些侵入人体的少量物质引起局部刺激或整个机体功能障碍的任何疾病。把能够引起中毒的物质称为毒物。

根据毒物侵入的途径，中毒分为呼吸中毒、接触中毒和摄入中毒 3 种。

① 呼吸中毒是毒物经呼吸道吸入后产生中毒。经呼吸道吸入的毒物多半是有毒的气体、烟雾或粉尘。

② 接触中毒是当毒物接触到皮肤时，便穿透表皮而被吸收引起中毒。经皮肤吸收的毒物有：脂溶性毒物如苯及其衍生物、有机磷农药等，以及可与皮脂的脂酸根结合的物质如汞及砷的氧化物。

③ 摄入中毒是毒物经口服后引起中毒。这是中毒最常见的一种形式。

（2）毒物的分级　毒物依据毒性大小进行分级。所谓毒性是毒物的剂量与效应之间的关系，以半致死剂量 LD_{50}（mg/kg）或半致死浓度 LC_{50}（mg/m^3）表示。其最高允许浓度越小毒性越大。

我国国家标准 GBZ 230—2010《职业性接触毒物危害程度分级》是以毒物的急性毒性、扩散性、蓄积性、致癌性、生殖毒性、致敏性、刺激与腐蚀性、实际危害后果与预后等 9 项指标为基础的定级标准。

分级原则是依据急性毒性、影响毒物作用的因素、毒物效应、实际危害后果等 4 大类 9 项分级指标进行综合分析、计算毒物危害指数确定。每项指标均按照危害程度分 5 个等级并赋予相应分值（轻微危害：0 分；轻度危害：1 分；中度危害：2 分；高度危害：3 分；极度危害：4 分），同时根据各项指标对职业危害影响作用的大小赋予相应的权重系数。依据各项指标加权分值的总和，即毒物危害指数确定职业性接触毒物危害程度的级别。职业性接触毒物危害程度分级和评分依据见表 7-4。

2. 中毒的预防

① 化验室工作人员一定要熟知本岗位的检验项目以及所用药品的性质。

② 所用的一切化学药品必须有标签，剧毒药品要有明显的标志。

③ 严禁试剂入口，用移液管吸取试液时应用吸耳球操作而不能用嘴。

④ 严禁用鼻子贴近试剂瓶口鉴别试剂。正确做法是将试剂瓶远离鼻子，以手轻轻煽动稍闻其味即可。

⑤ 对于能够产生有毒气体或蒸气的实验，必须在通风橱内完成。

表 7-4　职业性接触毒物危害程度分级和评分依据

分项指标		极度危害	高度危害	中度危害	轻度危害	轻微危害	权重系数
积分值		4	3	2	1	0	
急性吸入 LC_{50}	气体[①]/(cm³/m³)	<100	≥100～<500	≥500～<2500	≥2500～<20000	≥20000	5
	蒸气/(mg/m³)	<500	≥500～<2000	≥2000～<10000	≥10000～<20000	≥20000	
	粉尘和烟雾/(mg/m³)	<50	≥50～<500	≥500～<1000	≥1000～<5000	≥5000	
急性经口 LD_{50}/(mg/kg)		<5	≥5～<50	≥50～<300	≥300～<2000	≥2000	1
急性经皮 LD_{50}/(mg/kg)		<50	≥50～<200	≥200～<1000	≥1000～<2000	≥2000	1
刺激与腐蚀性		pH<2 或 pH≥11.5 腐蚀作用或不可逆损伤作用	强刺激作用	中刺激作用	轻刺激作用	无刺激作用	2
致敏性		有证据表明该物质能引起人类特定的呼吸系统致敏或重要脏器的变态反应性损伤	有证据表明该物质能导致人类皮肤过敏	动物试验证据充分，但无人类相关证据	现有动物试验证据不能对该物质的致敏性做出结论	无致敏性	2
生殖毒性		明确的人类生殖毒性：已确定对人类的生殖能力、生育或发育造成有害效应的毒物，人类母体接触后可引起子代先天性缺陷	推定的人类生殖毒性：动物试验生殖毒性明确，但对人类生殖毒性作用尚未确定因果关系，推定对人的生殖能力或发育产生有害影响	可疑的人类生殖毒性：动物试验生殖毒性明确，但无人类生殖毒性资料	人类生殖毒性未定论：现有证据或资料不足以对毒性的生殖毒性做出结论	无人类生殖毒性：动物试验阴性，人群调查结果未发现生殖毒性	3
致癌性		Ⅰ组，人类致癌物	ⅡA组，近似人类致癌物	ⅡB组，可能人类致癌物	Ⅲ组，未归入人类致癌物	Ⅳ组，非人类致癌物	4
实际危害后果与预后		职业中毒病死率≥10%	职业中毒病死率<10%；或致残（不可逆损害）	器质性损害（可逆性重要脏器损害），脱离接触后可治愈	仅有接触反应	无危害后果	5
扩散性（常温或工业使用时状态）		气态	液态，挥发性高（沸点<50℃）固态，扩散性极高（使用时可形成烟或烟尘）	液态，挥发性中（沸点≥50～<150℃）；固态，扩散性高（细微而轻的粉末，使用时可见尘雾形成，并在空气中停留数分钟以上）	液态，挥发性低（沸点≥150℃）；固态，晶体、粒状固体、扩散性中，使用时能见到粉尘但很快落下，使用后粉尘留在表面	固态，扩散性低，（不会破碎的小球，使用时几乎不产生粉尘）	3

续表

分项指标	极度危害	高度危害	中度危害	轻度危害	轻微危害	权重系数
蓄积性(或生物半减期)	蓄积系数(动物实验,下同)<1;生物半减期≥4000h	蓄积系数≥1～<3;生物半减期≥400h～<4000h	蓄积系数≥3～<5;生物半减期≥40h～<400h	蓄积系数>5;生物半减期≥4h～<40h	生物半减期<4	1

① $1cm^3/m^3 = 1ppm$, ppm 与 mg/m^3 在气温为 20℃, 大气压为 101.3kPa (760mmHg) 的条件下的换算公式为: $1ppm = 24.04/M_r\ mg/m^3$, 其中 M_r 为该气体的相对分子质量。

注: 1. 急性毒物分级指标以急性吸入毒性和急性经皮毒性为分级依据。无急性吸入毒性数据的物质,参照急性经口毒性分级。无急性经皮毒性数据、且不经皮吸收的物质,按轻微危害分级;无急性经皮毒性数据、但可经皮肤吸收的物质,参照急性吸入毒性分级。

2. 强、中、轻和无刺激作用的分级依据 GB/T 21604 和 GB/T 21609。

3. 缺乏蓄积性、致癌性、致敏性、生殖毒性分级有关数据的物质的分项指标暂按极度危害赋分。

4. 工业使用在五年内的新化学品, 无实际危害后果资料的, 该分项指标暂按极度危害赋分; 工业使用在五年以上的物质, 无实际危害后果资料的, 该分项指标按轻微危害赋分。

5. 一般液态物质的吸入毒性按蒸气类划分。

⑥ 使用毒物实验的操作者, 在实验过程中, 一定要严格地按照操作规程完成, 实验结束后, 必须用肥皂充分洗手。

⑦ 采取有毒试样时, 一定要事先做好预防工作。

⑧ 装有煤气管道的化验室, 应经常注意检查管道和开关的严密性, 避免漏气。

⑨ 尽量避免手与有毒物质直接接触。严禁在化验室内饮食。

⑩ 实验过程中如出现头晕、四肢无力、呼吸困难、恶心等症状, 说明可能中毒, 应立即离开化验室, 到户外呼吸新鲜空气, 严重的送往医院救治。

3. 常见毒物的中毒症状和急救方法

(1) 全面了解毒物的意义　化验工作中接触的化学药品, 很多是对人体有毒的。它们对人体的侵入途径和毒害程度各不相同, 有些毒物有多种途径侵入人体, 而有些毒物对人体的毒害是慢性的、积累性的。因此检验人员应了解毒物性质、侵入途径、中毒症状和急救方法, 这样在检验工作中才能减少化学毒物引起的中毒事故。一旦发生中毒时能争分夺秒地采取有效的自救措施, 力求在毒物被吸收以前实现抢救, 使毒物对人体的损坏程度降至最低限, 这就是为什么要全方面了解毒物的意义所在。

(2) 毒物侵入途径、中毒症状和急救方法

① 硫酸、盐酸和硝酸主要经呼吸道和皮肤使人中毒, 对皮肤的黏膜有刺激和腐蚀作用。急救方法: 应立即用大量水冲洗, 再用2%碳酸氢钠水溶液冲洗, 然后用清水冲洗。如有水泡出现, 可涂红汞; 眼、鼻、咽喉受蒸气刺激时, 可用温水或2%碳酸氢钠水溶液冲洗和含漱。

② 氰化物或氢氰酸主要经呼吸道和皮肤使人中毒。轻者刺激黏膜、喉头痉挛, 重者呼吸困难、昏迷、血压下降、口腔出血、胸闷、头痛。急救方法: 脱离中毒现场、人工呼吸、吸氧或用亚硝酸异戊酯、亚硝酸钠解毒 (医生进行); 皮肤烧伤可用大量水冲洗, 依次用0.01%的高锰酸钾和硫化铵洗涤或用0.5%硫代硫酸钠冲洗。

③ 氢氟酸或氟化物主要经呼吸道和皮肤使人中毒。接触氢氟酸气体可使皮肤局部有烧灼感, 开始疼痛较小不易感觉, 深入皮下组织及血管时可引起化脓溃疡。吸入氢氟酸气体后, 气管黏膜受刺激可引起支气管炎症。急救方法: 皮肤被灼烧时, 立即用大量水冲洗, 将伤处浸入乙醇溶液 (冰镇) 或饱和硫酸镁溶液 (冰镇)。

④ 汞及其化合物主要经呼吸道、皮肤和口服使人中毒。急性中毒表现为恶心、呕吐、腹痛、腹泻、全身衰弱、尿少或无尿, 最后因尿毒症死亡。慢性中毒表现为头晕、头痛、失

眠等精神衰弱症，记忆力减退，手指和舌头出现轻微震颤等症状。急救方法：急性中毒早期时用饱和碳酸氢钠液洗胃或迅速灌服牛奶、鸡蛋清、浓茶或豆浆，立即送医院治疗；皮肤接触用大量水冲洗后，湿敷 $3\%\sim5\%$ 硫代硫酸钠溶液，不溶性汞化合物用肥皂和水洗。

⑤ 砷及其化合物主要经呼吸道、皮肤和口服使人中毒。急性中毒表现为咽干、口渴、流涎、持续呕吐并混有血液、腹泻、剧烈头痛、全身衰弱、皮肤苍白、血压降低、脉弱而快、体温下降，最后死于心衰竭。急救方法：迅速脱离中毒现场，灌服蛋清水或牛奶，送至医院治疗；皮肤接触可用肥皂和水冲洗，可涂抹 2.5% 二巯基丙醇油膏或硼酸软膏。

⑥ 铬酸、重铬酸钾等铬（Ⅵ）化合物主要经皮肤和口服使人中毒。吸入含铬化合物的粉尘或溶液飞沫可使口腔鼻咽黏膜发炎，严重者形成溃疡。皮肤接触，最初出现发痒红点，以后侵入深部，继之组织坏死，愈合极慢。急救方法：皮肤损坏时，可用 5% 硫代硫酸钠溶液清洗；鼻咽黏膜损害，可用清水或碳酸氢钠水溶液灌洗。

⑦ 铅及其化合物主要经皮肤和口服使人中毒。急性中毒症状为呕吐、流黏泪、腹痛、便秘等。慢性中毒表现为贫血、肢体麻痹瘫痪。急救方法：急性中毒时用硫酸钠或硫酸镁灌肠，送医院治疗。

⑧ 苯及其同系物主要经呼吸道和皮肤使人中毒。急性中毒症状为头晕、头痛、恶心，重者昏迷抽搐甚至死亡。慢性中毒主要是损害造血系统和神经系统。急救方法：皮肤接触用清水冲洗，脱离现场，人工呼吸、输氧，送医院。

⑨ 石油烃类（饱和烃和不饱和烃）主要经呼吸道和皮肤使人中毒。高浓度吸入后，出现头痛、头晕、心悸、神志不清等症状；皮肤接触汽油后，变得干燥、皲裂。急救方法：脱离现场至新鲜空气处，输氧；皮肤接触用温水洗。

⑩ 四氯化碳主要经呼吸道和皮肤使人中毒。皮肤接触使其脱脂而干燥皲裂；高浓度吸入使黏膜刺激，中枢神经系统抑制和胃肠道刺激。慢性中毒为神经衰弱症，损害肝、肾。急救方法：脱离现场，人工呼吸，输氧；皮肤可用 2% 碳酸氢钠或 1% 硼酸溶液冲洗。

⑪ 三氯甲烷主要经呼吸道和皮肤使人中毒。高浓度吸入会出现眩晕、恶心和麻醉；长期接触可发生消化障碍、精神不安和失眠等慢性中毒症状；皮肤接触使其干燥皲裂。急救方法：急性中毒应脱离现场，人工呼吸或输氧，送至医院治疗；皮肤皲裂可选用 10% 尿素冷霜处理。

⑫ 甲醇主要经呼吸道和皮肤使人中毒。高浓度吸入出现神经衰弱、视力模糊；吞服 $15mL$ 可导致失明，$70\sim100mL$ 致死；慢性中毒为视力下降，眼球疼痛。急救方法：皮肤污染用清水冲洗；溅入眼内，立即用 2% 碳酸氢钠溶液冲洗，误服立即用 3% 碳酸氢钠溶液洗胃后由医生处置。

⑬ 芳胺、芳香族硝基化合物主要经皮肤和呼吸道使人中毒。急性中毒导致高铁血红蛋白症、溶血性贫血及肝脏损伤。急救方法：送至医院治疗；皮肤接触可用温肥皂水洗，苯胺可用 5% 乙酸溶液洗。

⑭ 氮氧化物主要经呼吸道使人中毒。急性中毒症状为口腔、咽喉黏膜、眼结膜充血，头晕，支气管炎、肺炎、肺气肿；慢性中毒导致呼吸道病变。急救方法：移至户外，必要时输氧。

⑮ 硫化氢主要经呼吸道使人中毒。高浓度吸入出现头晕、头痛、恶心、呕吐，甚至抽搐昏迷，突然失去知觉，死亡。急救方法：立即离开现场，呼吸新鲜空气，必要时送至医院治疗。

⑯ 二氧化硫、三氧化硫主要经呼吸道使人中毒。吸入对黏膜有强烈的刺激作用，引起结膜炎、支气管炎。重度中毒能产生喉咙哑、胸痛、吞咽困难、喉头水肿以至窒息死亡。急救方法：立即离开现场，呼吸新鲜空气，必要时输氧；眼受刺激时用 2% 碳酸氢钠溶液冲洗。

⑰ 一氧化碳和煤气主要经呼吸道使人中毒。轻度中毒时头晕、恶心、全身无力,重度中毒时立即陷入昏迷、呼吸停止而死亡。急救方法:移至新鲜空气处,注意保温,人工呼吸、输氧,送至医院治疗。

⑱ 氯气主要经呼吸道和皮肤使人中毒。吸入后立即引起咳嗽、气急、胸闷、鼻塞、流泪等黏膜刺激症状,严重时可导致支气管炎、肺炎及中毒性肺水肿,心力逐渐衰竭而死亡。急救方法:立即离开现场,重者应保温、输氧,送至医院;眼受刺激时可用2%碳酸氢钠溶液冲洗。

五、化验室废弃物的处理

化验室的废弃物主要指实验中产生的废气、废水和废渣(简称"三废")。由于各类化验室检验项目不同,产生的"三废"中所含化学物质的危害性不同,数量也有明显的差别。为了防止环境污染,保证检验人员及他人的健康,对排放的废弃物,检验人员应按照有关规章制度的要求,采取适当的处理措施,使其浓度达到国家环境保护规定的排放标准。

1. 废气处理

废气处理,主要是对那些实验中产生的危害健康和环境的气体的处理,如一氧化碳、甲醇、氨、汞、酚、氧化氮、氯化氢、氟化物气体或蒸气等。实际上,进行这一类的实验都是在通风橱内完成的,操作者只要做好防护工作就不会受到任何伤害。在实验过程中所产生的危害气体或蒸气,可直接通过排风设备排到室外。这对少量的低浓度的有害气体是允许的,因为少量的危害气体在大气中通过稀释和扩散等作用,危害能力大大降低。但对于大量的高浓度的废气,在排放之前,必须进行预处理,使排放的废气达到国家规定的排放标准。

化验室对废气预处理最常用的方法是吸收法。即根据被吸收气体组分的性质,选择合适的吸收剂(液)。例如,氯化氢气体可用氢氧化钠溶液吸收,二氧化硫、氧化氮等气体可用水吸收,氨可被水或酸吸收,氟化物、氰化物、溴、酚等均可被氢氧化钠溶液吸收,硝基苯可被乙醇吸收等。除吸收法外,常用的预处理方法还有吸附法、氧化法、分解法等。

2. 废液处理

化验室废液的处理意义很大,因为排出的废液直接渗入地下,流入江河,直接污染着水源、土壤和环境,危及人体健康,检验人员必须引起高度重视。

(1) 废液处理依据 化验室的废液多数含有化学物质,其危害较大。因此在废液排放之前,首先了解废液的成分及浓度,再依据 GB 8978—1996《污水综合排放标准》中的第一类污染物的最高允许排放浓度(见表 7-5)和第二类污染物的最高允许排放浓度(见表 7-6)的规定,决定如何对废液进行处置。

表 7-5　第一类污染物的最高允许排放浓度[①]

污染物	最高允许排放浓度/(mg/L)	污染物	最高允许排放浓度/(mg/L)
总汞	0.05	总铅	1.0
烷基汞	不得检出	总镍	1.0
总镉	0.1	苯并[a]芘	0.00003
总铬	1.5	总铍	0.005
六价铬	0.5	总α放射性	1Bq/L
总银	0.5	总β放射性	10Bq/L
总砷	0.5		

① 第一类污染物是指:对人体健康产生长远不良影响的污染物。

表 7-6　第二类污染物的最高允许排放浓度[①]　　　　单位：mg/L

序号	污染物	适用范围	一级标准	二级标准	三级标准
1	pH	一切排污单位	6~9	6~9	6~9
2	色度(稀释倍数)	染料工业	50	180	—
		其他排污单位	50	180	—
3	悬浮物(SS)	采矿、选矿、选煤工业	100	300	—
		脉金选矿	100	500	—
		边远地区砂金选矿	100	800	—
		城镇二级污水处理厂	20	30	—
		其他排污单位	70	200	400
4	五日生化需氧量(BOD₅)	甘蔗制糖、苎麻脱胶、湿法纤维板工业	30	100	600
		甜菜制糖、酒精、味精、皮革、化纤浆粕工业	30	150	600
		城镇二级污水处理厂	20	30	—
		其他排污单位	30	60	300
5	化学需氧量(COD)	甜菜制糖、湿法纤维板、染料、焦化、合成脂肪酸、洗毛、有机磷农药工业	100	200	1000
		酒精、味精、皮革、医药原料药、生物制药、苎麻脱胶、化纤浆粕工业	100	300	1000
		石油化工工业(包括石油炼制)	100	150	500
		城镇二级污水处理厂	60	120	—
		其他排污单位	100	150	500
6	石油类	一切排污单位	10	10	30
7	动植物油	一切排污单位	20	20	100
8	挥发酚	一切排污单位	0.5	0.5	2.0
9	总氰化合物	电影洗片(铁氰化合物)	0.5	5.0	5.0
		其他排污单位	0.5	0.5	1.0
10	硫化物	一切排污单位	1.0	1.0	2.0
11	氨氮	医药原料药、染料、石油化工工业	15	50	—
		其他排污单位	15	25	—
12	氟化物	黄磷工业	10	20	20
		低氟地区(水体含氟量<0.5mg/L)	10	20	30
		其他排污单位	10	10	20
13	磷酸盐(以P计)	一切排污单位	0.5	1.0	—
14	甲醛	一切排污单位	1.0	2.0	5.0
15	苯胺类	一切排污单位	1.0	2.0	5.0
16	硝基苯类	一切排污单位	2.0	3.0	5.0
17	阴离子表面活性剂(LAS)	合成洗涤剂工业	5.0	15	20
		其他排污单位	5.0	10	20
18	总铜	一切排污单位	0.5	1.0	2.0
19	总锌	一切排污单位	2.0	5.0	5.0

续表

序号	污染物	适用范围	一级标准	二级标准	三级标准
20	总锰	合成脂肪酸工业	2.0	5.0	5.0
		其他排污单位	2.0	2.0	5.0
21	彩色显影剂	电影洗片	2.0	3.0	5.0
22	显影剂及氧化物总量	电影洗片	3.0	6.0	6.0
23	元素磷	一切排污单位	0.1	0.3	0.3
24	有机磷农药(以 P 计)	一切排污单位	不得检出	0.5	0.5
25	粪大肠菌群数	医院[②]、兽医院及医疗机构含病原体污水	500 个/L	1000 个/L	5000 个/L
		传染病、结核病医院污水	100 个/L	500 个/L	1000 个/L
26	总余氯	医院[②]、兽医院及医疗机构含病原体污水	<0.5[③]	>3 (接触时间≥1h)	>2 (接触时间≥1h)
		传染病、结核病医院污水	<0.5[③]	>6.5 (接触时间≥1.5h)	>5 (接触时间≥1.5h)

① 第二类污染物是指：对人体健康产生长远影响小于第一类的污染物物质。

② 指 50 个床位以上的医院。

③ 加氯消毒后须进行脱氯处理，达到本标准。

（2）废液处理方法　化验室废液可以分别收集进行处理，下面介绍几种废液处理方法。

① 无机酸类：可将废酸缓慢地倒入过量的碱溶液中，边倒边搅拌，然后用大量水冲洗排放。

② 无机碱类：可采用稀废酸中和的方法，中和后，再用大量水冲洗排放。

③ 含六价铬的废液：可采用先还原后沉淀的方法，在 pH<3 条件下，向废液中加入固体亚硫酸钠至溶液由黄色变成绿色为止，再向此溶液中加入 5% 的 NaOH 溶液，调节 pH 至 7.5～8.5，使 Cr^{3+} 完全以 $Cr(OH)_3$ 形式存在，分离沉淀，上层液再用二苯基碳酰二肼试剂检查是否有铬，确证不含铬后才能排放。

④ 含砷废液：采用氢氧化物共沉淀法，在 pH 为 7～10 条件下，向废液中加入 $FeCl_3$，使其生成沉淀，放置过夜。分离沉淀，检查上层液不含砷后，废液再经中和后即可排放。

⑤ 含锑、铋等离子的废液：采用硫化物沉淀法，调节废液酸度 $[H^+]$ 为 0.3mol/L，向废液中加入硫代乙酰胺至沉淀完全。检查上层液不含锑、铋后，废液经中和后可排放。

⑥ 含氰化物废液：采用分解法，在 pH>10 条件下，加入过量的 3% $KMnO_4$ 溶液，使氰基分解为 N_2 和 CO_2；如 CN^- 含量高，可加入过量的次氯酸钙和氢氧化钠溶液。检查废液中不含氰离子后排放。

⑦ 含铅、镉的废液：采用氢氧化物共沉淀法，即向废液中加氢氧化钙使 pH 调至 8～10，再加入硫酸亚铁，充分搅拌后放置，此时 Pb^{2+} 和 Cd^{2+} 与 $Fe(OH)_3$ 共同生成沉淀，检查上层液中不含有 Pb^{2+} 和 Cd^{2+} 时，把废液中和后即可排放。

⑧ 含重金属的废液：采用氢氧化物共沉淀法，将废液用 $Ca(OH)_2$ 调节 pH 至 9～10，再加入 $FeCl_3$，充分搅拌，放置后，过滤沉淀。检查滤液不含重金属离子后，再将废液中和排放。

⑨ 含酚废液：高浓度的酚可用乙酸丁酯萃取，蒸馏回收；低浓度含酚废液可加入次氯酸钠使酚氧化为 CO_2 和 H_2O。

⑩ 混合废液：调节废液（不含氰化物）的 pH 为 3～4，加入铁粉，搅拌半小时，再用碱调节至 pH≈9，继续搅拌，加入高分子絮凝剂，清液可排放，沉淀物按废渣处理。

⑪ 可燃性有机物的废液：用焚烧法处理。焚烧炉的设计要确保安全，保证充分燃烧，并设洗涤器，以除去燃烧后产生的有害气体如 SO_2、HCl、NO_2 等。不易燃烧的物质及低浓度的废液，用溶剂萃取法、吸附法及水解法进行处理。

⑫ 汞及含汞盐废液：不慎将汞散落或打破压力计、温度计，必须立即用吸管、毛刷或在酸性硝酸汞溶液中浸过的铜片收集起来，并用水覆盖。在散落过汞的地面、实验台上应撒上硫黄粉或喷上 20% $FeCl_3$ 水溶液，干后再清扫干净。含汞盐的废液可先调节 pH 至 8～10，加入过量的 Na_2S，再加入 $FeSO_4$ 搅拌，使 Hg^{2+} 与 Fe^{3+} 共同生成硫化物沉淀。检查上层液不含汞后排放，沉淀可用焙烧法回收汞，或再制成汞盐。

3. 废渣处理

废弃的有害固体药品或反应中得到的沉淀严禁倒在生活垃圾上，必须进行处理。废渣处理方法是先解毒后深埋。首先根据废渣的性质，选择合适的化学方法或通过高温分解方式等，使废渣中的毒性减小到最低限度，然后将处理过的残渣挖坑深埋掉。

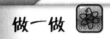

经过一学期实验，现有若干桶废液需要倒掉，但是按照 GB 8978—2002 标准规定要求，实验废液中污染物不达到排放标准是不能直接倒入下水道的，必须经过处理，直至达到 GB 8978—2002 标准规定要求才允许排放。你如何做，才能将这些废液倒掉。

六、化验室常用电器设备及安全用电

分析检验工作经常用到电器设备，在种类繁多的电器设备中，化验室常用的电器设备有电炉、高温电炉、电热恒温干燥箱、电热恒温水浴及其他一些辅助电器，如电冰箱、真空泵和电磁搅拌器等。这些电器设备都是分析检验工作人员所熟知的。但是，为了保证电器设备在使用过程中的安全，需要掌握有关设备的性能、使用方法和安全用电等方面的知识。

1. 电热设备

（1）电炉 电炉是化验室最常用的加热设备之一，由炉盘和电阻丝（常用的是镍铬合金丝）构成。

按电阻丝的功率大小，电炉有 500W、800W、1000W、1500W 和 2000W 等不同规格，功率越大，发热量也越大。电炉还分暗式电炉、球形电炉和电热套。暗式电炉，即电阻丝被铁盖封严，实质是一种封闭式电炉，具有使用安全、功率可调的特点，常用于加热一些不能用明火加热的实验；球形电炉，用于加热圆底烧瓶类容器；电热套，它是加热烧瓶的专用电热设备，其热能利用效率高、省电、安全，常用于有机溶剂的蒸馏等实验中。

使用注意事项如下：

① 电源应采用电闸开关，不要只靠插头控制，最好与调压器相接，以便通过电压的调节，控制电炉的发热量，获得所需的工作温度。

② 电炉不要放在木质、塑料等可燃的实验台上，若需要可在电炉下面垫上隔热层如石棉板等。

③ 炉盘凹槽中要保持清洁，及时清除污物（必须在断电时进行），保持电阻丝传热良好，延长使用寿命。

④ 加热玻璃容器时，必须垫上石棉网。

⑤ 加热金属容器时，注意容器不能触及电阻丝，最好在断电的情况下取放被加热的容器。

⑥ 更换电阻丝时，新换上的电阻丝的功率应与原来的相同。

⑦ 电炉连续使用时间不应过长，电源电压与电炉本身规定的使用电压相同，否则会影响电阻丝的使用寿命。

（2）**高温电炉** 高温电炉有箱式电阻炉（马弗炉）、管式电阻炉（管式燃烧炉）和高频感应加热炉等。这里主要介绍箱式电阻炉的使用。

箱式电阻炉常作为称量分析中的沉淀灼烧、灰分测定、挥发分测定及样品熔融等操作的加热设备。

箱式电阻炉的炉膛是由耐高温材料构成的。炉膛内外壁之间有空槽，电阻丝穿在空槽里，炉膛四周都有电阻丝。通电后，整个炉膛被均匀地加热。炉膛的外围包着耐火砖、耐火土、石棉板等，其作用是保持炉膛内的温度，以减少热量损失。炉膛的温度由控制器控制。

箱式电阻炉依据炉膛尺寸大小及温度范围不同，规格种类也不同，使用者可根据实际情况选购。

使用注意事项如下：

① 高温电炉必须安装在稳固的水泥台上或特制的铁架上，周围不得存放易燃易爆物品，更不能在炉内灼烧有爆炸危险的物质。

② 高温电炉要用专用电闸控制电源，不许用直接插入式插头控制。

③ 高温电炉所需电压应与使用电压相符，并配置功率合适的插头、插座和保险丝（熔断器），接好地线。炉前地上铺一块橡胶板，保证操作安全。

④ 炉膛内应衬一块耐高温的薄板，作用是避免用碱性熔剂熔融样品时碱液逸出，腐蚀炉膛。

⑤ 使用高温电炉时，不得随意离开，以防自控系统失灵，造成意外事故。

⑥ 高温电炉用完后，立即切断电源，关好炉门，防止耐火材料受潮气侵蚀。

（3）**电热恒温干燥箱** 简称烘箱。常用于水分测定、基准物质处理、干燥试样、烘干玻璃器皿及其他物品，是化验室中最常用的电热设备。

烘箱的型号很多，但基本结构相似，一般由箱体、电热系统和自动恒温控制系统 3 部分组成。常用温度为 $100 \sim 150℃$，最高工作温度可达 $300℃$。

使用注意事项如下：

① 烘箱应安装在室内干燥和水平处，防止振动和腐蚀。

② 根据烘箱的功率、所需电源电压指标，配置合适的插头、插座和保险丝，并接好地线。

③ 使用烘箱时，首先打开烘箱上方的排气孔，不用时把排气孔关好，防止灰尘及其他有害气体侵入。

④ 烘干物品时，物品应放在表面皿上或称量瓶、瓷质容器中，不应将物品直接放在烘箱内的隔板上。

⑤ 烘箱只供实验中干燥样品及器皿等用，严禁在烘箱中烘烤食品。

⑥ 烘箱内严禁烘易燃易爆、有腐蚀性的物品，以防发生事故。

⑦ 用完后应及时切断电源，并把调温旋钮调至零位。

（4）**电热恒温水浴** 电热恒温水浴是用于物质的蒸发、浓缩、结晶及样品恒温加热处理的电热设备。规格上有两孔、四孔、六孔及多孔不等，可根据实验需要选择。水浴用电加热，电源电压为 220V，一般电热恒温水浴的恒温范围在 $37 \sim 100℃$，温差为 $\pm 1℃$。

使用方法如下：

① 关闭放水阀，往水槽内注入清水至适当位置。

② 将电源插头接在插座上，接好地线。

③ 按所需温度顺时针方向旋转调温旋钮至适当位置。

④ 开启电源开关接通电源，红灯亮表示已开始加热。当温度计读数上升到距离所需的温度约 2℃时，应逆时针方向转动调温旋钮至红灯刚好熄灭，表示恒温。如没有达到所需的温度，可通过调温旋钮继续调节，直至达到为止。

使用注意事项如下：

① 水槽中的水位不得低于电热管，否则容易将电热管烧坏。

② 使用前检查电器控制箱内是否潮湿，如果潮湿应干燥后使用。

③ 使用过程中应随时观察水槽是否有渗漏现象，若出现渗漏现象立即停止使用。

2. 其他电器设备

（1）电冰箱　是化验室常用的制冷设备。一些在常温下不宜保存的样品、试剂和菌种的物质，都可放在冰箱内保存。此外，利用冰箱的冷冻室，还可以在夏季制备出实验所需要的冰。

电冰箱的种类、型号很多，但是结构和作用原理基本相同。一般由箱体、制冷系统、自动控制系统和附件四部分组成。

箱体外壳一般由薄钢板或硬质合金制成，内壳为塑料板或轻质合金，为了防止热量交换，在内、外壳的夹层中填充了绝热材料。

制冷系统是电冰箱的心脏，由封闭式压缩机、冷凝器、毛细管、蒸发器等组成。工作原理是制冷剂气体经压缩机压缩，在冷凝器中冷却放热，变为高压液体，高压液体经毛细管进入蒸发器内时，由于压力骤然降低，液体制冷剂迅速沸腾蒸发并吸热，使冷冻室降温，气体制冷剂被压缩机吸回、再压缩，如此连续工作，即形成制冷循环。

自动控制系统包括电动机、温度控制器、热保护继电器、照明灯等。

附件包括冰盒、盛物盒、接水盒等。

使用注意事项如下：

① 电冰箱安放要平稳，不得摇晃，不要贴墙安置，以保证冷凝器对流效率高。

② 电冰箱额定电源电压为 220V，使用的工作电压不得低于 190V 和高于 230V，否则应加稳压器，以保证冰箱正常使用。

③ 使用过程中，尽量减少开门次数，以保持冰箱的良好工作状态。

④ 冰箱内严禁直接放入强酸、强碱、腐蚀性及有强烈气味的物品，若需要应密封后放入，以防腐蚀和污染。

（2）真空泵　在化验室中主要用于那些在高温下易分解样品的干燥和真空蒸馏以及真空过滤等方面。

真空泵种类很多，化验室中最常用的是定片式或旋片式转动泵。泵的工作原理是利用运动部件在泵腔内连续运动，使泵腔内容积变化，产生抽气作用。

使用与维护注意事项如下：

① 开泵前首先检查泵内润滑油的液位是否在标线处。油过多（高于标线）运转时油会随着气体由排气孔向外飞溅；油量不足（低于标线）泵体不能被完全浸没，达不到密封和润滑的目的，容易使泵体损坏。

② 真空泵使用三相电源，送电之前必须取下皮带，检查电动机机轮转动的方向，如与泵轮箭头方向一致，方可供电。

③ 在真空泵与被抽气系统之间必须连接安全瓶（空的玻璃瓶）、干燥过滤塔（内装无水氯化钙、固体氢氧化钠、变色硅胶、石蜡、玻璃棉等，用以除去水分、有机物和杂质等），以免进入泵内污染润滑油。

④ 运转中若发现电动机发热或声音不正常，应立即停止使用，进行检修。

⑤ 真空泵要定期换油并清洗入气口的细沙网，防止固体颗粒落入泵内。

⑥ 停泵之前必须先解除抽气系统的真空（即放空与大气压平衡），然后才能拔下插头、断电，否则真空泵内的润滑油将被吸入抽气系统，造成严重事故。

（3）电磁搅拌器　主要用于 pH 的测定、选择性电极测定离子、电位滴定及其他需要的化学反应中。

电磁搅拌器的型号很多，但结构基本相同。在面板上有电源开关、转速调节旋钮、加热开关、电源指示灯及加热指示灯等。

使用与维护注意事项如下：

① 接通电源，打开电源开关，磁子开始转动，调节转速旋钮，控制合适的转速。

② 实验过程中，严防反应溶液溅出，腐蚀托盘。

③ 用完后应及时断电，放在干燥处保存。

3. 电气安全

化验室工作离不开电，经常接触电气设备和分析仪器，如果对用电设备和仪器的性能不了解，使用不当就会引起电气事故。此外，加上化验室某些不良环境，如潮湿、腐蚀性气体、易燃易爆物品等危险因素的存在，故更易造成电气事故。因此保障电气安全对人身及仪器设备的保护都是非常重要的。

（1）电击防护　电对人造成的伤害有电外伤和电内伤两种。电外伤是由于电流热效应和机械效应造成的局部伤害。电内伤就是电击，是电流通过人体内部组织引起的伤害。这种伤害能使心脏和神经系统等重要机体受到损伤。损伤的程度大小与通过人体的电流大小有关，通过人体的电流越大，伤害越严重。通常所说的触电事故主要指电击。

电击的防护措施如下：

① 电器设备完好、绝缘好，并有良好的保护接地。

② 操作电器时，手必须干燥。因为手潮湿时，电阻显著减小，容易引起电击。不得直接接触绝缘不好的设备。

③ 一切电源裸露部分都应有绝缘装置，如电线接头应裹以胶布。

④ 修理或安装电器设备时，必须先切断电源，不允许带电工作。

⑤ 已损坏的插座、插头或绝缘不良的电线应及时更换。

⑥ 不能用试电笔去试高压电。

⑦ 使用漏电保护器。

（2）静电防护　静电是在一定的物体中或其表面上存在的电荷。静电不像电击那样直接给人们带来伤害，但是由它引发的事故给人们带来的后果也是严重的，应给予高度重视。

静电危害有两个方面：其一是危及大型精密仪器的安全，主要是现代仪器中的高灵敏、高性能的元件对静电放电敏感，造成器件损坏；其二是静电电击危害，所谓静电电击是由于静电放电时瞬间产生的冲击性电流通过人体时造成的伤害。它虽不会造成生命危险，但放电时可以使人摔倒、使电子仪器失灵，甚至放电产生的火花可引起易燃混合气体的燃烧与爆炸，因此必须加以防护。

静电的防护措施如下：

① 防静电区内不要使用塑料地板、地毯等易产生静电的地面材料。

② 在易燃易爆场所，不要穿化纤类织物、胶鞋及绝缘鞋底的鞋，以免产生静电。

③ 高压带电体应有屏蔽措施，以防人体感应产生静电。

④ 进入防静电实验室时，应徒手接触金属接地棒，以消除人体从外界带来的静电。坐着工作的场合可在手腕上带接地腕带。

⑤ 保持静电区域内合适的相对湿度。

4. 使用电气设备的安全规定

① 使用电气动力时，必须检查设备的电源开关、马达和机械设备各部分是否安置妥当。

② 一切电气设备在使用前，应检查是否漏电，外壳是否带电，接地线是否脱落。

③ 安置电气设备的房间、场所必须保持干燥，不得有漏水或地面潮湿现象。

④ 打开电源之前，必须认真思考 30 s，确认无误时方可送电。

⑤ 注意保持电线干燥，严禁用湿布擦电源开关。

⑥ 化验室内不得有裸露的电线头，不要用电线直接插入电源接通电灯、仪器和其他电气设备，以免产生电火花引起爆炸和火灾事故。

⑦ 认真阅读电气设备的使用说明书及操作注意事项，并严格遵守。

⑧ 临时停电时，要关闭一切电气设备的电源开关，待恢复供电时再重新开始工作。

⑨ 电气动力设备发生过热（超过最高允许温度）现象，应立即停止运转，进行检修。

⑩ 化验室所有电气设备不得私自拆动及随便进行修理。

⑪ 下班前认真检查所有电气设备的电源开关，确认完全关闭后方可离开。

七、气瓶的安全使用

气瓶在化验室中主要作为气相色谱分析和原子吸收分析时提供载气、燃气和助燃气的气源。为了保证压力气瓶的安全使用，保护工作人员和国家财产的安全，检验人员必须掌握气瓶安全使用知识。

1. 气瓶与减压阀

气瓶是高压容器，瓶内装有高压气体，还要承受搬运、滚动等外界的作用力。因此，对气瓶的材质要求非常高，常用无缝合金或锰钢管制成的圆柱形容器。底部呈半球形，通常还装有钢质底座，便于竖放。气瓶顶部装有启闭气门（开关阀），气门侧面接头（支管）上连接螺纹，用来连接减压阀。各类气瓶容器必须符合《气瓶安全技术规程》（TSG 23—2021）的规定。

实验时，气瓶内的高压气体要通过一个减压装置，使从高压气瓶中放出气体的压力符合实验所需要的压力，这个减压装置就是减压阀（器）。不同工作气体有不同的减压阀，减压阀外表用涂有不同的颜色加以标志，此颜色标志与气瓶所漆的颜色标志一致。

在安装减压阀时，必须注意减压阀的管接头，防止丝扣滑牙，以免装旋不牢而漏气或被高压射出。卸下时要注意轻放，妥善保存，避免撞击、振动，不要放在有腐蚀性物质的地方，并防止灰尘落入表内，以免阻塞失灵。

实验结束后，先关闭气瓶气门，放尽减压阀内的气体，然后将调压螺杆旋松，若不旋开调压螺杆，则弹簧长期受压，将会使减压阀的压力表失灵。

2. 气瓶内装气体的分类

(1) 压缩气体　指在 -50℃ 时加压后完全呈气态的气体，包括临界温度（T）低于或者等于 -50℃ 的气体，也称为永久气体。如氧、氮、氢、空气、氩、氦等。这类气体钢瓶设计压力大于 12MPa，称为高压钢瓶。

(2) 高（低）压液化气体　指在温度高于 -50℃ 时加压后部分呈液态的气体，包括临界温度在 -50～65℃ 的高压液化气体和临界温度高于 65℃ 的低压液化气体。临界温度高于或等于 -50℃，且低于或等于 65℃ 称为高压液化气体，如二氧化碳、氧化亚氮；临界温度高于 65℃ 且饱和蒸气压大于 0.1MPa 者称为低压液化气体，如氨、氯、硫化氢等。

(3) 低温液化气体　指经过深冷低温处理而部分呈液态的气体，其临界温度一般低于或者等于－50℃，也可以称为深冷液化气体或者冷冻液化气体。

（4）溶解气体　指在一定的压力、温度条件下，溶解于溶剂中的气体。单纯加高压压缩，可产生分解、爆炸等危害性的气体，必须在加高压的同时将其溶解于适当溶剂中，并由多孔性固体填充物所吸收。在 15℃ 以下压力达 0.2MPa 以上时，称为溶解气体（或称气体溶液），如乙炔。

（5）吸附气体　指在一定的压力、温度条件下，吸附于吸附剂中的气体。

（6）混合气体　指含有两种或者两种以上有效物理组分，或者虽属非有效组分但是其含量超过规定限量的气体。

3. 气瓶颜色标志

气瓶外表面涂敷的字样内容、色环数目和涂膜颜色按充装气体的特性作规定的组合，是识别充装气体的标志。即根据气瓶的颜色、字样内容和色环数目，就会知道瓶内装有何种气体，也就会知道选用何种减压阀（器）。这在工作中可以避免错误的充灌和错误的安装。高压气瓶的漆色与标志见表 7-7，充装表 7-7 以外的气体，其气瓶的涂膜配色见表 7-8，再赋予相应的字样和色环即成某气体的气瓶颜色标志。

表 7-7　气瓶颜色标志

序号	充装气体	化学式（或符号）	体色	字样	字色	色环
1	空气	Air	黑	空气	白	$p=20$,白色单环
2	氩	Ar	银灰	氩	深绿	$p\geqslant30$,白色双环
3	氟	F_2	白	氟	黑	
4	氦	He	银灰	氦	深绿	
5	氪	Kr	银灰	氪	深绿	$p=20$,白色单环
6	氖	Ne	银灰	氖	深绿	$p\geqslant30$,白色双环
7	一氧化氮	NO	白	一氧化氮	黑	
8	氮	N_2	黑	氮	白	$p=20$,白色单环
9	氧	O_2	淡（酞）蓝	氧	黑	$p\geqslant30$,白色双环
10	二氟化氧	OF_2	白	二氟化氧		大红
11	一氧化碳	CO	银灰	一氧化碳		
12	氘	D_2	银灰	氘		
13	氢	H_2	淡绿	氢	大红	$p=20$,大红单环 $p\geqslant30$,大红双环
14	甲烷	CH_4	棕	甲烷	白	$p=20$,白色单环 $p\geqslant30$,白色双环
15	天然气	CNG	棕	天然气	白	
16	空气（液体）	Air	黑	液化空气	白	
17	氩（液体）	Ar	银灰	液氩	深绿	
18	氦（液体）	He	银灰	液氦	深绿	
19	氢（液体）	H_2	淡绿	液氢	大红	
20	天然气（液体）	LNG	棕	液化天然气	白	
21	氮（液体）	N_2	黑	液氮	白	
22	氖（液体）	Ne	银灰	液氖	深绿	
23	氧（液体）	O_2	淡（酞）蓝	液氧	黑	
24	三氟化硼	BF_3	银灰	三氟化硼	黑	
25	二氧化碳	CO_2	铝白	液化二氧化碳	黑	$p=20$,黑色单环

序号	充装气体	化学式（或符号）	体色	字样	字色	色环
26	碳酰氟	CF_2O	银灰	液化碳酰氟	黑	
27*	三氟氯甲烷	CF_3Cl	铝白	液化三氟氯甲烷 R-13	黑	$p=12.5$，黑色单环
28	六氟乙烷	C_2F_6	铝白	液化六氟乙烷 R-116	黑	
29	氯化氢	HCl	银灰	液化氯化氢	黑	
30	三氟化氮	NF_3	银灰	液化三氟化氮	黑	
31	一氧化二氮	N_2O	银灰	液化笑气	黑	$p=15$，黑色单环
32	五氟化磷	PF_5	银灰	液化五氟化磷	黑	
33	三氟化磷	PF_3	银灰	液化三氟化磷	黑	
34	四氟化硅	SiF_4	银灰	液化四氟化硅 R-764	黑	
35	六氟化硫	SF_6	银灰	液化六氟化硫	黑	$p=12.5$，黑色单环
36	四氟甲烷	CF_4	铝白	液化四氟甲烷 R-14	黑	
37	三氟甲烷	CHF_3	铝白	液化三氟甲烷 R-23	黑	
38	氙	Xe	银灰	液氙	深绿	$p=20$，白色单环 $p=30$，白色双环
39	1,1-二氟乙烯	$C_2H_2F_2$	银灰	液化偏二氟乙烯 R-1132a	大红	
40	乙烷	C_2H_6	棕	液化乙烷	白	$p=15$，白色单环
41	乙烯	C_2H_4	棕	液化乙烯	淡黄	$p=20$，白色双环
42	磷化氢	PH_3	白	液化磷化氢	大红	
43	硅烷	SiH_4	银灰	液化硅烷	大红	
44	乙硼烷	B_2H_6	白	液化乙硼烷	大红	
45	氟乙烯	C_2H_3F	银灰	液化氟乙烯 R-1141	大红	
46	锗烷	GeH_4	白	液化锗烷	大红	
47	四氟乙烯	C_2F_4	银灰	液化四氟乙烯	大红	
48	二氟溴氯甲烷	$CBrClF_2$	铝白	液化二氟溴氯甲烷 R-12B1	黑	
49	三氯化硼	BCl_3	银灰	液化氯化硼	黑	
50	溴三氟甲烷	$CBrF_3$	铝白	液化溴三氟甲烷 R-13B1	黑	$p=12.5$，黑色单环
51	氯	Cl_2	深绿	液氯	白	
52	氯二氟甲烷	$CHClF_2$	铝白	液化氯二氟甲烷 R-22	黑	
53*	氯五氟乙烷	CF_3CClF_2	铝白	液化氯五氟乙烷 R-115	黑	
54	氯四氟甲烷	$CHClF_4$	铝白	液化氯四氟甲烷 R-124	黑	
55	氯三氟甲烷	CH_2ClF_3	铝白	液化氯三氟甲烷 R-133a	黑	
56*	二氟二氯甲烷	CCl_2F_2	铝白	液化二氟二氯甲烷 R-12	黑	
57	二氯氟甲烷	$CHCl_2F$	铝白	液化氟氯烷 R-21	黑	

序号	充装气体	化学式（或符号）	体色	字样	字色	色环
58	三氧化二氮	N_2O_3	白	液化三氧化二氮	黑	
59*	二氯四氟乙烷	$C_2Cl_2F_4$	铝白	液化氟氯烷 R-114	黑	
60	七氟丙烷	CF_3CHFCF_3	铝白	液化七氟丙烷 R-227e	黑	
61	六氟丙烷	C_3F_6	银灰	液化六氟丙烷 R-1216	黑	
62	溴化氢	HBr	银灰	液化溴化氢	黑	
63	氟化氢	HF	银灰	液化氟化氢	黑	
64	二氧化氮	NO_2	白	液化二氧化氮	黑	
65	八氟环丁烷	$\begin{array}{c}CF_2CF_2\\ \mid\quad\mid\\ CF_2CF_2\end{array}$	铝白	液化氟氯烷 R-C318	黑	
66	五氟乙烷	$CH_2F_2CF_3$	铝白	液化五氟乙烷 R-125	黑	
67	碳酰二氯	$COCl_2$	白	液化光气	黑	
68	二氧化硫	SO_2	银灰	液化二氧化硫	黑	
69	硫酰氟	SO_2F_2	银灰	液化硫酰氟	黑	
70	1,1,1,2-四氟乙烷	CH_2FCF_3	铝白	液化四氟乙烷 R-134a	黑	
71	氨	NH_3	淡黄	液氨	黑	
72	锑化氢	SbH_3	银灰	液化锑化氢	大红	
73	砷烷	AsH_3	白	液化砷化氢	大红	
74	正丁烷	C_4H_{10}	棕	液化正丁烷	白	
75	1-丁烯	C_4H_8	棕	液化丁烯	淡黄	
76	(顺)2-丁二烯	C_4H_8	棕	液化顺丁烯	淡黄	
77	(反)2-丁二烯	C_4H_8	棕	液化反丁烯	淡黄	
78	氯二氟乙烷	CH_3CClF_2	铝白	液化氯二氟乙烷 R-142b	大红	
79	环丙烷	C_3H_6	棕	液化环丙烷	白	
80	二氯硅烷	SiH_2Cl_2	银灰	液化二氯硅烷	大红	
81	偏二氟乙烷	CF_2CH_3	铝白	液化偏二氟乙烷 R-152a	大红	
82	二氟甲烷	CH_2F_2	铝白	液化二氟甲烷 R-32	大红	
83	二甲胺	$(CH_3)_2NH$	银灰	液化二甲胺	大红	
84	二甲醚	C_2H_6O	淡绿	液化二甲醚	大红	
85	乙硅烷	Si_2H_6	银灰	液化乙硅烷	大红	
86	乙胺	$C_2H_6NH_2$	银灰	液化乙胺	大红	
87	氯乙烷	C_2H_5Cl	银灰	液化氯乙烷 R-160	大红	
88	硒化氢	H_2Se	银灰	液化硒化氢	大红	
89	硫化氢	H_2S	白	液化硫化氢	大红	
90	异丁烷	C_4H_{10}	棕	液化异丁烷	白	

续表

序号	充装气体		化学式（或符号）	体色	字样	字色	色环
91	异丁烯		C_4H_8	棕	液化异丁烯	淡黄	
92	甲胺		CH_3NH_2	银灰	液化甲胺	大红	
93	溴甲烷		CH_3Br	银灰	液化溴甲烷	大红	
94	氯甲烷		CH_3Cl	银灰	液化氯甲烷	大红	
95	甲硫醇		CH_3SH	银灰	液化甲硫醇	大红	
96	丙烷		C_3H_8	棕	液化丙烷	白	
97	丙烯		C_3H_6	棕	液化丙烯	淡黄	
98	三氯硅烷		$SiHCl_3$	银灰	液化三氯硅烷	大红	
99	1,1,1-三氟乙烷		CHF_3CH_2	铝白	液化三氟乙烷 R-143a	大红	
100	三甲胺		$(CH_3)_3N$	银灰	液化三甲胺	大红	
101	液化石油气	工业用		棕	液化石油气	白	
		民用		银灰	液化石油气	大红	
102	1,3-丁二烯		C_4H_6	棕	液化丁二烯	淡黄	
103	氯三氟乙烯		C_2F_3Cl	银灰	液化氯三氟乙烯 R-1113	大红	
104	环氧乙烷		CH_2OCH_2	银灰	液化环氧乙烷	大红	
105	甲基乙烯基醚		C_3H_6O	银灰	液化甲基乙烯基醚	大红	
106	溴乙烯		C_2H_3Br	银灰	液化溴乙烯	大红	
107	氯乙烯		C_2H_3Cl	银灰	液化氯乙烯	大红	
100	乙炔		C_2H_2	白	乙炔不可近火	大红	

注：1. 色环栏内的 p 是气瓶的公称工作压力，单位为兆帕（MPa）；车用压缩天然气钢瓶可不涂色环。

2. 序号加 * 的，是 2010 年后停止生产和使用的气体。

3. 充装液氧、液氮、液化天然气等不涂敷颜色的气瓶，其体色和字色指瓶体标签的底色和字色。

表 7-8　气瓶涂敷配色类型

充装气体类别		气瓶涂膜配色类型		
		体色	字色	环色
烃类	烷烃	YR05	白	R03 大红
	烯烃			
稀有气体类		B04 银灰	G05 深绿	
氟氯烷类		铝白	可燃性：R03 大红 不燃性：黑	
毒性类		Y06 淡黄		
其他气体		B04 银灰		

注：瓶帽、护罩、瓶耳、底座等涂敷颜色与瓶体的体色一致（塑料材质的瓶帽、护罩除外）。

4. 气瓶的存放及安全使用

① 气瓶必须存放在阴凉、干燥、远离热源的房间，并且要严禁明火，防暴晒。除不可燃性气体外，一律不得进入实验楼内。

② 使用气瓶时要直立固定放置，防止倾倒。

③ 搬运气瓶应轻拿轻放，防止摔掷、敲击、滚动或剧烈振动。搬运前瓶嘴戴上安全帽，以防不慎摔断瓶嘴发生事故。

④ 使用期间的气瓶应定期进行检验，不合格的气瓶应报废或降级使用。

⑤ 气瓶的减压阀要专用，安装时螺扣要上紧（应旋进 7 圈螺纹，俗称"吃七牙"），不得漏气。开启高压气瓶时，操作者应站在气瓶出口的侧面，动作要慢，以减少气流摩擦，防止产生静电。

⑥ 易起聚合反应的气体钢瓶，如乙炔、乙烯等，应在储存期限内使用。

⑦ 氧气瓶及其专用工具严禁与油类物质接触，操作人员也不能穿戴沾有油脂或油污的工作服、手套进行工作。

⑧ 装有可燃气体的钢瓶如氢气瓶等与明火的距离不应小于 10m。

⑨ 瓶内气体不得全部用尽，一般应保持 0.2～1MPa 的余压（备充气单位检验取样所需及防止其他气体倒灌）。

⑩ 气瓶使用前应进行安全状况检查，注意气瓶上漆的颜色及标字，对盛装气体进行确认。

⑪ 严禁在气瓶上进行电焊引弧，不得进行焊接修理。

⑫ 液化石油气瓶用户，不得将气瓶内的液化石油气向其他气瓶倒装，不得自行处理气瓶内的残液。

⑬ 气瓶必须专瓶专用，不得擅自改装，以免性质相抵触的气体相混发生化学反应而爆炸。

⑭ 气瓶使用的减压阀要专用，氧气气瓶使用的减压阀可用在氮气或空气气瓶上，但用于氮气气瓶的减压阀如用在氧气瓶上，必须将油脂充分洗净再用。

5. 气瓶检验色标

在定期检验钢印标记时，应当按检验年份涂检验色标，缠绕气瓶的检验色标应印刷在检验标签上；检验色标的颜色和形状如表 7-9 所示。

表 7-9　气瓶检验色标的颜色和形状

检验年份	颜　色	形状
2020	粉红色(RP01)	椭圆形
2021	铁红色(R01)	椭圆形
2022	铁黄色(Y09)	椭圆形
2023	淡紫色(P01)	椭圆形
2024	深绿色(G05)	椭圆形
2025	粉红色(RP01)	矩形
2026	铁红色(R01)	矩形
2027	铁黄色(Y09)	矩形
2028	淡紫色(P01)	矩形
2029	深绿色(G05)	矩形

注：① 括号内的符号和数字表示该颜色的代号。

② 涂在瓶体上的检验色标，大小应当与气瓶大小相适应。例如：对公称容积 40L 的气瓶，椭圆形的长轴约为 80mm，短轴约为 40mm；矩形约为 80mm×40mm。

③ 检验色标每 10 年为一个循环周期。

八、化验室外伤的救治

化验室外伤是指意外受到的烧伤、创伤、冻伤和化学灼伤等。

1. 化学灼伤的救治

化学灼伤是由于操作者的皮肤触及腐蚀性化学试剂所致。这些试剂包括：强酸类，特别是氢氟酸及其盐；强碱类，如碱金属的氢化物、浓氨水、氢氧化物等；氧化剂，如浓的过氧化氢、过硫酸盐等；某些单质，如溴、钾、钠等。

常见化学灼烧的救治方法如下：

（1）碱类（氢氧化钠、氢氧化钾、氨、碳酸钾等）　立即用大量水冲洗，然后用2％乙酸溶液冲洗，或撒敷硼酸粉或用2％硼酸水溶液洗。

（2）碱金属氰化物、氢氰酸　先用高锰酸钾溶液冲洗，再用硫化铵溶液冲洗。

（3）溴　用1体积25％氨水加1体积松节油加10体积95％乙醇的混合液处理。

（4）氢氟酸　先用大量冷水冲洗直至伤口表面发红，然后用5％ $NaHCO_3$ 溶液洗，再以2:1甘油与氧化镁悬浮液涂抹，用消毒纱布包扎；或用冰镇乙醇溶液浸泡。

（5）铬酸　先用大量水冲洗，再用硫化铵稀溶液冲洗。

（6）黄磷　立即用1％硫酸铜溶液洗净残余的磷，再用0.01％ $KMnO_4$ 溶液湿敷，外涂保护剂，用绷带包扎。

（7）苯酚　先用水冲洗，再用4:1的乙醇（70％）-氯化铁（1mol/L）混合溶液洗。

（8）硝酸银　先用水冲洗，再用5％碳酸氢钠溶液洗，涂上油膏及磺胺粉。

（9）酸类（硫酸、硝酸、盐酸等）　先用大量水冲洗，再用碳酸氢钠溶液冲洗。

（10）硫酸二甲酯　不能涂油和包扎，让灼伤处暴露外面任其挥发。

眼睛一旦被化学药品灼伤，应立即用流水缓慢冲洗。如果是碱灼伤，再用4％硼酸或2％柠檬酸溶液冲洗；如果是酸灼伤，可用2％碳酸氢钠溶液冲洗，然后送至医院进行诊治。

2. 烧伤的救治

烧伤包括烫伤及火伤。急救的目的在于减轻疼痛的感觉和保护皮肤的受伤表面不受感染。

（1）烧伤分度　按烧伤轻重程度可分为一度烧伤、二度烧伤和三度烧伤。

一度烧伤只损伤表皮，皮肤发红、灼痛、无水泡；二度烧伤皮肤苍白带灰色，真皮坏死、起水泡、水肿疼痛；三度烧伤皮肤全层或其深部组织一并烧伤，凝固性坏死，颜色灰白，失去弹性，痛觉消失，表面干燥。

（2）烧伤的救治　迅速将伤者救离现场，扑灭身上的火焰，再用自来水冲洗掉烧坏的衣服，并慢慢地用剪刀剪除或脱去没有被烧坏的部分，注意避免碰伤烧伤面，对于轻度烧伤的伤口可用水洗除污物，再用生理盐水冲洗，并涂上烫伤油膏（不要挑破水泡），必要时用消毒纱布轻轻包扎予以保护，对于面积较大的烧伤要尽快送至医院治疗，不要自行涂敷油膏，以免影响医院治疗。

3. 冻伤处理

化验室人员的冻伤多数是使用液化气体或深冷设备方法不当，由冷冻剂等造成的伤害。

轻度冻伤会使皮肤发红，并有不舒服的感觉，但经过数小时后就会恢复正常；中等程度的冻伤会产生水泡；严重的冻伤会使伤处溃烂。

处理冻伤常用的方法是将冻伤部位浸入40～42℃的温水中浸泡，或用温暖的衣物、毛毯等包裹，使伤处温度回升。对于没有热水或冻伤部位不便浸水如耳朵等部位，可用体温将其暖和。严重冻伤经上述处理仍得不到恢复的，应送至医院治疗。

4. 创伤处理

创伤主要是来自机械和玻璃仪器破损造成的伤害。常见的创伤有割伤、刺伤、撞伤、挫伤等。

处理创伤常用的方法是用消毒镊子或消毒纱布机械地把伤口清理干净，然后用碘酊擦抹伤口周围（碘酊具有消毒作用，也可以使毛细管止血），对于创伤较轻的毛细管出血，伤口消毒后即可用止血粉外敷，最后用消毒纱布包扎处理。

创伤后不论是毛细管出血（渗出血液，出血少）、静脉出血（暗红色血，流出慢），还是动脉出血（喷射状出血，血多），都可以用压迫法止血，即直接压迫损伤部位进行止血。注意：由玻璃碎片造成的外伤，必须先除去碎片，否则当压迫止血时，碎片也被压深，这会给后期处置带来麻烦。

5. 苏生法

所谓苏生法是对处于假死状态的患者施行人工操作，以抢救将要失去的生命为目的的急救方法之一。

（1）口对口人工呼吸法　将患者仰卧着，若口中有异物或呕吐物，首先把它除去，使呼吸道畅通，救护者先将患者头向后仰，一只手闭合患者的鼻子，也可以用手帕盖着患者的嘴和鼻，救护者用嘴紧贴患者嘴大口吹气（约 2s），然后放松（约 3s），重复进行，每分钟 10～15 次，如图 7-1 所示。

(a) 头部后仰,捏鼻掰嘴　　　　(b) 吹气　　　　(c) 放松

图 7-1　人工呼吸（口对口）

（2）心脏按压法　在患者突然失去知觉、停止呼吸或呼吸急速、发生痉挛的场合，以及摸不到脉搏、瞳孔散大、怀疑心脏停止搏动时，可采用心脏按压法进行抢救。方法要点是救护者跪在患者一侧，两手相叠，掌根放在患者心窝稍高的地方，手肘不要弯曲，掌根用力向下按压 3～4cm（儿童 1～2cm），按压后掌根迅速放松，让患者胸部自动复原（放松时掌根不必完全离开胸部），每分钟 50～60 次，如图 7-2 所示。儿童患者可单手按压。

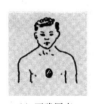

(a) 正确压点　　　　(b) 叠手姿势　　　　(c) 向下按压

图 7-2　人工心脏按压

6. X 射线的防护

X 射线被人体组织吸收后，对健康是有害的。如果长期接触，轻者造成局部组织灼伤，重者可造成白血球下降、毛发脱落，发生严重的射线病。对于放射线引起的伤害，目前无适当的治疗方法。因此，在实际工作中主要是以预防为主。

预防射线最基本的原则是防止身体各部（特别是头部）受到射线照射，尤其是受到 X 射线的直接照射。因此操作者要注意 X 光管窗口附近用铅皮（厚度大于 1mm）挡好，使 X 射线尽量限制在一个局部小范围内，不让它散射到整个房间。在进行操作时，操作者应戴上防护用具，所站的位置应避免射线直接照射，操作完用铅屏把人与 X 光机隔开，暂时不工作时应关好窗口。射线室内要保持高度的清洁，经常用吸尘器或潮湿的拖布拖拭，室内还应保持良好的通风，以减少由于高电压和射线电离作用产生的有害气体对人体的影响。

九、安全标志与危险化学品标志

标志对提醒人们注意不安全因素、防止事故发生起着积极的作用。

1. 常见安全标志

安全标志是用以表达特定安全信息的标志，由图形符号、安全色、几何形状（边框）或文字构成。

安全标志分禁止标志、警告标志、指令标志和提示标志四大类型。

（1）禁止标志　禁止标志的含义是禁止人们不安全行为的图形标志。禁止标志的基本形式是带斜杠的圆形边框（如图 7-3 所示）。

禁止用水灭火	禁止吸烟	禁止带火种	禁止放易燃物
禁止触摸	禁止入内	禁止停留	禁止靠近
禁止通行	禁止穿化纤服装	禁止穿带钉鞋	禁止饮用
禁止烟火	禁止启动	禁止跨越	禁止合闸

图 7-3　禁止标志

（2）警告标志　警告标志的基本含义是提醒人们对周围环境引起注意，以避免可能发生危险的图形标志。警告标志的基本形式是正三角形边框（如图 7-4 所示）。

图 7-4　警告标志

（3）指令标志　指令标志的含义是强制人们必须做出某种动作或采用防范措施的图形标志。指令标志的基本形式是圆形边框（如图 7-5 所示）。

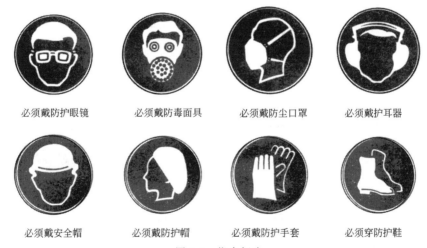

图 7-5　指令标志

（4）提示标志　提示标志的含义是向人们提供某种信息（如标明安全设施或场所等）的图形标志。提示标志的基本形式是正方形边框（如图 7-6 所示）。

紧急出口　　　　可动火区　　　　避险处　　　　提示目标方向

图 7-6　提示标志

2. 常用危险化学品标志

根据常用危险化学品的危险特性和类别，设主标志 16 种、副标志 11 种。主标志是由表示危险特性的图案、文字说明、底色和危险品类别号四个部分组成的菱形标志。副标志图形中没有危险品类别号。

（1）主标志（如图 7-7 所示）

爆炸品	易燃气体	不燃气体	有毒气体
易燃液体	易燃固体	自燃物品	遇湿易燃物品
氧化剂	有机过氧化物	有毒品	剧毒品
一级放射性物品	二级放射性物品	三级放射性物品	腐蚀品

图 7-7　常用危险化学品主标志

（2）副标志（如图 7-8 所示）。

（3）标志的使用　标志的使用原则及方法：当一种危险化学品具有一种以上的危险性时，应用主标志表示主要危险性类别，并用副标志表示重要的其他危险性类别；使用方法按 GB 190 的有关规定执行。

十、安全生产警句

（1）安全创造幸福，疏忽带来痛苦。安全就是效益，安全就是幸福。

（2）事故教训是镜子，安全经验是明灯。一人把关一处安，众人把关稳如山。

（3）为了您全家幸福，请注意安全生产。为了您和他人的幸福，处处时时注意安全。

（4）秤砣不大压千斤，安全帽小救人命。快刀不磨会生锈，安全不抓出纰漏。

图 7-8 常用危险化学品副标志

(5) 晴带雨伞饱带粮，事故未出宜先防。细小的漏洞不补，事故的洪流难堵。

(6) 君行万里，一路平安。遵规守纪，防微杜渐。

(7) 防事故年年平安福满门，讲安全人人健康乐万家。健康的身体离不开锻炼，美满的家庭离不开安全。

(8) 船到江心补漏迟，事故临头后悔晚。常添灯草勤加油，常敲警钟勤堵漏。

(9) 安全管理完善求精，人身事故实现为零。安全来自长期警惕，事故源于瞬间麻痹。

(10) 补漏趁天晴，防贼夜闭门。事故防在先，处处保平安。

(11) 安全要讲，事故要防，安不忘危，乐不忘忧。

(12) 不怕千日紧，只怕一时松。疾病从口入，事故由松出。

(13) 绳子总在磨损地方折断，事故常在薄弱环节出现。

(14) 遵章守纪阳光道，违章违制独木桥，寒霜偏打无根草，事故专找懒惰人。

(15) 安全编织幸福的花环，违章酿成悔恨的苦酒。

(16) 安全是职工的生命线，职工是安全的负责人。

(17) 雪怕太阳草怕霜，办事就怕太慌张。绊人的桩不在高，违章的事不在小。

(18) 安全不能指望事后诸葛，为了安全须三思而后行。

(19) 万人防火不算多，一人失火了不得。麻痹是火灾的兄弟，警惕是火灾的克星。

(20) 使人走向深渊的是邪念而不是双脚。使人遭遇不幸的是麻痹而非命中注定。

(21) 安全是生命之本，违章是事故之源。

(22) 安全是遵章者的光荣花，事故是违章者的耻辱碑。安全与效益是亲密姐妹，事故与损失是孪生兄弟。

(23) 安全生产你管我管，大家管才平安。事故隐患你查我查，人人查方安全。

(24) 安全法规血写成，违章害己害亲人。

（25）多看一眼，安全保险。多防一步，少出事故。

课程思政小课堂

实验室安全管理警钟长鸣

2018年12月26日，某大学市政与环境工程实验室发生爆炸燃烧，事故造成3人死亡。事故调查组按照"科学严谨、依法依规、实事求是、注重实效"的原则，通过现场勘验、检测鉴定、调查取证、模拟实验，并委托化工、爆炸、刑侦、火灾调查有关领域专家组成专家组进行深入分析和反复论证，查明了事故发生的经过和原因，认定了事故性质和责任，并提出了对有关责任人员和单位的处理建议及事故防范和整改措施。

经事故调查组认定，本起事故是一起责任事故。经查，该起事故直接原因为：在使用搅拌机对镁粉和磷酸搅拌、反应过程中，料斗内产生的氢气被搅拌机转轴处金属摩擦、碰撞产生的火花点燃爆炸，继而引发镁粉粉尘云爆炸，爆炸引起周边镁粉和其他可燃物燃烧，造成现场3名学生死亡。事故调查组同时认定，该大学有关人员违规开展试验、冒险作业；违规购买、违法储存危险化学品；对实验室和科研项目安全管理不到位。

依据事故调查的结论，公安机关对事发科研项目负责人李某和事发实验室管理人员张某依法立案侦查，追究刑事责任。根据干部管理权限，经教育部、该大学研究决定，对学校党委书记、校长等12名干部及土木建筑工程学院党委进行问责，并分别给予党纪政纪处分。

第三节　化验室文明卫生

一、化验室文明卫生的意义

化验室文明卫生的建设是保证检验结果准确性的基石，因为没有人相信在一个环境卫生条件很差的化验室里能够做出信度高的分析结果。原因何在？这主要是因为化验室客观存在的不利影响因素所致。例如天平室内湿度过大，会对天平的灵敏度及其他的性能指标产生严重影响，势必导致称量误差增大，影响分析结果准确度。再如尘埃的存在，会给高精度的分析试验带来许多影响，轻者使实验失败，重者会导致错误的结论。又如化验室中存放的一些化学危险品，由于管理不当而泄漏或逸出，不仅对分析仪器和设备有侵蚀作用，而且还会给人身健康带来不同程度的损害，甚至会引起火灾和爆炸等。因此，搞好化验室文明卫生建设，消除一切不利于测试工作的影响因素，是化验室工作人员义不容辞的职责。

二、化验室文明卫生的具体要求

（1）天平室

① 天平室要做到防振、防灰尘、防污染、防噪声和防阳光。

② 设专人管理，有卫生专责制。

③ 室内温度应保持在20～25℃，相对湿度在50%～70%。

④ 室内布局合理，物有定位，严禁放入其他物品。

⑤ 做到窗明几净，擦地用的拖布应拧干后再拖地，以防潮湿。

⑥ 天平室内不准大声喧哗和吵闹，走路和开关门要轻，不要有剧烈的振动。

⑦ 室内安全消防卫生设施齐全。

（2）精密仪器室

① 精密仪器室要专人负责。

② 设备装置放在固定的工作台上，并按设备仪器的性能固定位置，布局合理摆放整齐，仪器及台面保持清洁。

③ 设备仪器防止阳光直射，防止灰尘，不使用时盖上仪器罩。干燥剂应按时更换。

④ 仪器的电源电压与实际使用电压相符，有接地线（零线）。

⑤ 室内无灰尘无死角，管线无泄漏，窗明几净。

⑥ 精密仪器室，非工作人员禁入。与检测无关的任何物品不许带入室内。

⑦ 仪器无破损，标签符号无脱落，各种工具备件齐全。

（3）标准溶液室

① 标准溶液室应远离污染源和生产现场，防止对溶液制备工作的干扰与污染。

② 溶液制备人员工作前后必须洗手，工作时必须穿戴工作服。

③ 室内不准带入与溶液制备无关的任何物品及进行与工作无关的其他活动。

④ 室内达到窗明几净，地面无积水和污物，管线无泄露，设备无垢尘。

⑤ 废液及废弃物处理应符合国家排放标准的规定。

⑥ 室内卫生有专人负责，安全、消防与卫生设施齐备好用。

（4）样品室

① 样品室内做到窗明几净，样品柜上下无灰尘、积水和污物。

② 保留的样品要按其性质分类，并按日期、批次定位，摆放整齐，贴有标签。

③ 室内通风良好，并保持一定温度（15～20℃，易燃样品储存温度可略低）。

④ 石油化工产品封好，避免潮湿和挥发，标签项目填写齐全。特殊样品和危险样品都要按照有关管理方法规定执行。

（5）检验室

① 检验室内的设备仪器药品和用具等摆放整齐，布局合理。

② 室内做到窗明，台面清洁，地面无积水和杂物，卫生专人负责。

③ 仪器设备要专人负责，其他人员未经允许不得乱动。

④ 检验人员工作前必须穿好工作服，检验室内不会客、不打闹、不吸烟、不吃东西，不许进行与工作无关的活动。

⑤ 检验室内存放的药品应按有关规定执行。对有毒药品设专人保管（采用五双制度：双人保管、双人收发、双人领样、双本账、双锁）。

⑥ 检验工作中的废气、废渣、废液应按国家有关排放标准规定执行。

⑦ 室内安全消防卫生设施齐全。

（6）加热室

① 加热室内无灰尘，窗明、台面整洁、地面无积水和杂物。

② 设备有专人负责，摆放有序。加热室内不准存放易燃易爆物品或在加热设备附近安装精密仪器。

③ 室内通风良好，安全消防等设施完好无损。

（7）更衣室

① 更衣柜规格尽可能一致，色调统一，摆放整齐，上下无杂物，无灰尘。

② 衣柜内衣物及物品摆放整齐。

③ 更衣室门窗完整，无蜘蛛网，无死角。

④ 更衣室应建立安全管理制度，做到人走灯熄，门窗关好。

⑤ 卫生要有专人负责。

⑥ 室内安全、消防、卫生设施齐全好用。

化验室负责人应亲自抓好文明卫生工作，一个清洁、文明、布局合理的化验室会给人以生机勃勃、奋发向上的活力，有利于检验工作的开展。

任务拓展

任务一　化验室危险因素分析

实验室的安全管理是关系实验室工作人员和周围群体安全和健康的一项系统工程，它是一门涉及知识面非常广泛的科学。为了保护实验室人员的安全和健康，防止环境污染，保证实验室工作安全而有效的进行是实验室安全管理工作的重要内容。做好化验室常见伤害的预防措施，防止意外事故发生；掌握各种事故的急救方法，一旦事故发生时，减少因事故造成的人身及财产的损失，并将损失和伤害降到最低。

学习目标：

① 掌握化验室存在的危险因素的种类及预防措施；

② 牢记化验室安全守则。

事故案例分析：

【案例一】原子吸收分光光度计爆炸事故

事故经过： 某化验室新进一台原子吸收分光光度计，但该仪器在调试过程中发生爆炸，爆炸产生的冲击波将窗户玻璃全部震碎，仪器上的盖崩起2米多高后崩离3米多远。当场炸伤3人，其中2人轻伤，另外1人由于一块长约0.5cm的玻璃射入眼内，住院治疗。

原因分析： 该仪器内部使用的是聚乙烯管连接燃气乙炔，可接头处漏气，分析人员在使用过程中安全检查不到位，没有发现气体泄露。查明原因后，厂家更换一台新的原子吸收分光光度计，并将仪器内部的连接管全部换成不锈钢管。

【案例二】润滑油开口闪点分析燃烧事故

事故经过： 某厂化验室分析工在做润滑油开口闪点分析时，加热速度过快，使润滑油达到燃烧温度，燃烧起来。该化验员当时慌了手脚，没有采用适当的灭火措施，反而打开了通风橱。结果在通风橱的风力作用下火焰更大，燃着了旁边放置的脱脂棉、滤纸等易燃物。其他人听到喊叫声冲进化验室，及时用旁边的灭火器将火扑灭。

原因分析： 化验员没有按照操作规程进行分析，升温速度过快，同时精力不集中致使油品着火。由于平时安全演练次数少，缺乏安全常识，发生事故慌做一团，而且加热位置附近有易燃物，放在附近的灭火器忘记使用。

问题探究：

【问题情境一】化验室存在的危险因素有哪些种类？都是什么？

根据化验室工作的特点，化验室可能存在以下几种危险性。

（1）火灾爆炸。化学实验中经常使用易燃易爆物品、高压气体（各种气体钢瓶）等，如处理不当或操作失误，再遇上高温、明火、撞击、容器破裂或没有遵守安全防火要求，往往酿成火灾爆炸事故。轻则造成人身伤害，仪器设备损坏，重则造成多人伤亡、房屋破坏。

（2）有毒气体。在分析实验中经常使用到煤气、各种有机试剂，不仅易燃易爆而且有毒，在有些实验中还会由于化学反应产生有毒气体，如 SO_2、H_2S 等。如不做好安全防护就有引起中毒的可能性。

（3）触电。化学实验离不开电气设备，操作人员应懂得如何防止触电事故或由于使用非防爆电器产生电火花等引起的爆炸事故。

（4）机械伤害。分析实验室常用到玻璃器皿，尤其进行玻璃管加工、胶塞打孔等操作时，由于不遵守安全操作规程、疏忽大意或思想不集中，常常发生手指割伤事故。

（5）危险化学品。化验室存放着大量危险化学药品，即使最安全的化学药品也有潜在危险。

（6）其他。放射性：放射性物质分析及 X 光衍射分析；微生物：致病菌污染的危险。

【问题情境二】化验室安全工作有哪些预防措施？

（1）化验室安全应做好防火防爆，防止中毒，防止腐蚀、化学灼伤、烫伤、割伤，防触电，保证压力容器和气瓶的安全、电气安全，防止环境污染等几方面工作。加强以上方面的管理，创造安全、良好的实验室工作环境，是每个实验室工作者必须认真完成的工作。

（2）各实验室新录用人员进入化验室实习和上岗前都必须经过安全知识培训，安全考核达到要求后方可从事其他操作技能方面的工作。在岗分析检验人员每半年至少进行一次实验室安全知识培训，强化安全知识。

（3）严格执行各项安全操作规程及规章制度，只有规定动作，杜绝自选动作。

【问题情境三】化验室安全守则有哪些？

（1）化验室要保持整洁，化学试剂、玻璃器皿、仪器设备等要摆放有序。

（2）打开浓酸浓碱的瓶塞时，应在通风橱中进行操作；佩戴好防护用品，瓶口不要对着自己或他人。

（3）稀释浓硫酸时，应将浓硫酸分批缓慢地沿壁注入水中，并不断搅拌，待冷却至室温后再转入细口瓶中储存。切记不可将水倒入酸中。

（4）蒸馏或加热易燃液体时，不可使用明火，也不可蒸干。操作过程中不要离人，以防温度过高或冷却水临时中断而引发火灾事故。

（5）试剂瓶都必须贴有标签，绝对不允许在瓶内盛装与标签内容不符的试剂。

（6）实验室内禁止吸烟、吃零食，在进行加热、蒸馏、高温设备等操作时严禁使用手机。

（7）实验时要穿戴好劳动防护用品，试验完毕后认真洗手，离开实验室时要关好水、电、门窗。

任务二　气瓶的安全使用

气瓶在化验室中主要作为气相色谱分析或原子吸收分析时提供载气、燃气和助燃气的气源等。为了保证压力气瓶的安全使用，保护工作人员和国家财产的安全，检验人员必须掌握气瓶安全使用知识。

学习目标：

① 掌握各种高压气瓶的颜色；

② 了解气瓶发生燃烧和爆炸事故的原因；

③ 掌握气瓶的安全使用方法及注意事项。

仪器与试剂：

① 仪器　氩气钢瓶；氮气钢瓶；铜扳手；皂膜流量计。

② 试剂　肥皂水。

问题探究

请做出氩气和氮气钢瓶的使用和存放方案。

【**问题情境一**】气瓶的存放有哪些要求？

（1）应符合阴凉、干燥、严禁明火、远离热源、不受日光曝晒、室内通风良好等条件，气瓶与明火距离不小于 10 米。

（2）存放和使用中的气瓶一般都应直立，并有固定支架，防止倒下。

（3）存放剧毒气体或相互混合能引起燃烧爆炸气体的钢瓶，必须单独放置在单间内，并在该室附近设置防毒、消防器材。

【**问题情境二**】如何操作及使用气瓶？

（1）气瓶的搬运　搬运气瓶时严禁摔掷、敲击、剧烈震动，瓶外必须有两个橡胶防震圈，戴上并旋紧安全帽。

（2）气瓶的操作　取下气瓶上的安全帽，缓慢开启瓶阀，以防高速放气而产生静电火花引起燃烧和爆炸。禁止用铁扳手等工具敲击瓶阀或瓶体。将气阀打开四分之一，让气瓶放气 1～2s，气瓶放气时，人不应站在连接管的对面，而应站在其侧旁，以免气体的气流射在脸上。关闭总气阀。

（3）减压阀的安装　气瓶要装上专门的减压阀以后才能使用，不同的气体配专用的减压阀，为防止气瓶充气时装错发生爆炸，可燃气体钢瓶（如氢气、乙炔）的螺纹是反扣（左旋）的，非可燃性气体则为正扣（右旋）。安装减压表时，应先用手旋进，证明确已入扣后，再用扳手旋紧，一般应旋进 6～7 扣。

（4）检验气瓶及其附件的严密性

① 开启钢瓶前，应先关闭分压表。

② 缓慢均匀的打开气阀，观察压力表的压力。

可用肥皂水检测，泄漏时会有气泡产生，或能听到嘶嘶的声音。如泄漏需关闭总阀重新安装减压表，不漏可按照仪器的使用压力要求打开分压表。

（5）氧气瓶的操作　一切附件的连接都要用脱脂的衬垫，禁止用沾油脂的手套或工具操作。氧气瓶与可燃气体钢瓶不能储存在同一房间内。

（6）关闭钢瓶　瓶内气体不得全部用尽，剩余压力一般不得小于 0.2MPa；瓶内气体用完的气瓶应用粉笔在瓶身标上"空瓶"；用完后，关闭总阀，拧上安全帽。

【**问题情境三**】气瓶的存放及安全使用要求有哪些？

（1）气瓶必须存放在阴凉、干燥、严禁明火、远离热源的房间，并且要严禁明火，防曝晒。除不燃性气体外，一律不得进入实验楼内。使用中的气瓶要直立固定在专用支架上。

（2）搬运气瓶要轻拿轻放，防止摔掷、敲击、滚滑或剧烈震动，要戴上安全帽，以防不慎摔断瓶嘴发生事故。钢瓶必须具有两个橡胶防震圈。乙炔瓶严禁横卧滚动。

（3）气瓶应按规定定期做技术检验、耐压试验。

（4）易起聚合反应的气体钢瓶，如乙烯、乙炔等，应在储存期限内使用。

（5）高压气瓶的减压器要专用，安装时螺口要上紧，不得漏气。开启高压气瓶时操作者应站在气瓶出口的侧面，动作要慢，以减少气流摩擦，防止产生静电。

（6）氧气瓶及其专用工具严禁与油类接触，氧气瓶不得有油类存在。

（7）氧气瓶、可燃性气瓶与明火距离应不少于 10m。

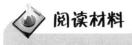
阅读材料

灭火器爆炸伤人

灭火器按其类型有泡沫、干粉、二氧化碳、卤代烷（简称 1211）之分。目前，绝大多数企事业单位都配置了灭火器，随着人们消防意识的增强，不少家庭也购置了灭火器，但如果平时不注意维护保养，或者灭火器已到报废年限仍在使用，那么，灭火器有时就会"发脾气"伤人，或害人性命。这并非耸人听闻，请看下面 3 个事例。

1995 年 3 月 11 日上午，江苏省某化工厂发生一起灭火器爆炸事故，生产厂长潘某的头部被严重炸伤，左眼珠被炸出眼眶。据调查，当天上午 8 时 30 分左右，潘某与部分职工整理仓库，将库内存放的灭火器取出检查，在检查一只 8kg 干粉灭火器时，不料灭火器底部爆裂，炸伤潘某头部，灭火器飞出仓库门外数米。该灭火器筒体严重锈蚀，底部已开裂。按有关规定，这只灭火器早该报废更新。

1996 年 4 月 5 日上午，一家塑料厂消防队欲报废一批废旧灭火器，经与某废品收购站商定，由收购站上门收购。8 时 40 分，收购站派王某某、孙某某进厂拆卸。当孙某某送物返回拆卸现场时，发现王某某已被炸死在血泊中。有关部门现场勘查发现，爆炸的灭火器是 8kg 碳酸氢钠干粉灭火器，其钢瓶因被触动，气体进入出粉管已阻塞的灭火器筒内，筒内压力陡增引发爆炸。爆炸冲力使筒体向上飞起，击中王某某的头部而发生事故。

1997 年 2 月 18 日上午 9 时，香港某垃圾收集站发生一起灭火器爆炸事故。当天女工李某某和往常一样，送毕垃圾后，站在垃圾站外墙边休息。此时，一名男子从垃圾站内取出一只报废的二氧化碳泡沫灭火器，企图拆下顶部的铜管变卖。他先用一个胶桶遮挡以防泡沫喷出，继而用铁锤猛力敲击筒口，岂料铜管松脱之际，筒内的压缩气体突然爆发，使灭火器向后飞弹，先击中该男子的双脚，造成骨折，皮开肉裂，鲜血淋漓；再猛撞着垃圾站外墙，由于冲力甚猛，墙砖撞破，导致李某某受伤。而强烈的泡沫喷射还将胶桶射过对面马路。

灭火器之所以发生爆炸，是因为泡沫、干粉、1211、二氧化碳等灭火器内部都有一定的压力，在非正常情况下，发生物理爆炸所致。以泡沫灭火器为例，其设计压力为 1.5～2.0MPa，水压试验压力为 2.3～3.0MPa。二氧化碳灭火器水压试验压力为 25MPa。1211 灭火器水压试验压力为 2.4～3.0MPa。干粉灭火器分储气瓶式和储压式两种。筒体是存装干粉的容器，承受一定的工作压力。储气瓶是存装二氧化碳驱动气体的容器，它承受很高的二氧化碳气体蒸气压，因此其设计压力≥12MPa。储气瓶式干粉灭火器因进气管和出粉管容易堵塞，加之瞬间压力较高，因而发生爆炸的概率也较高。

预防灭火器爆炸的主要措施如下：

(1) 灭火器应放置在通风、干燥、阴凉并取用方便的地方，避免放置在高温、潮湿和腐蚀严重的场所，以免灭火器在使用期内腐蚀严重，在检查或使用时发生意外。

(2) 定期对灭火器进行维修保养。平时检查维护必须由经过培训的专人负责，灭火器修理、再充装应送有许可证的专业维修单位进行。

(3) 各类灭火器在每次充装前或使用满一定期限后必须进行水压试验。泡沫灭火器使用满 2 年，二氧化碳灭火器满 5 年，干粉、1211 灭火器满 3 年进行水压试验合格后方可继续使用。

(4) 在使用灭火器的过程中，灭火器要与身体保持一定距离并平行，盖和底部两端不得对着人体头部。若发现灭火器不喷药剂、变形或在地上跳动，都是爆炸的征兆，人员要立即避让。

(5) 单位和个人报废灭火器要经过专业维修人员的处理后方可进行。

思考与练习题

一、填空题

1. 化验室的位置应远离生产车间、（　　）和（　　）等地方，防止粉尘、（　　）、（　　）、（　　）、（　　）等环境因素对分析检验工作的影响和干扰。

2. 控制的主要作用是在依据（　　）的前提下，通过（　　）与（　　）的方法有效地完成检验工作的过程。

3. 质量工作区域是指完成（　　）而进行（　　）的场所。

4. 化验室潜藏的危险因素有（　　）、（　　）、（　　）、（　　）和（　　）等危险性。

5. 爆炸品包括纯粹的（　　）以及（　　）爆炸性物质。

6. 化验室防火采用的针对性措施有预防（　　）着火、预防（　　）着火或爆炸。

7. 中毒是指某些侵入人体的（　　）引起局部（　　）或（　　）障碍的任何疾病。

8. 毒物侵入人体的途径有（　　）中毒、（　　）中毒和（　　）中毒3种。

9. 我国常见56种毒物的危害程度分为（　　）级。

10. 化验室的废弃物主要是指实验中产生的（　　）。

11. 化验室对废渣的处理方法是先（　　）后（　　）。

12. 电流通过人体内部组织引起的伤害称为（　　）。

13. 在一定的物体中或表面上存在的电荷称为（　　）。

14. 静电电击是由于（　　）电流通过人体时造成的伤害。

15. 化学灼伤是操作者的皮肤触及（　　）所致。

二、选择题

1. 进行有危险性的工作，应（　　）。

A 穿戴工作服　　　　　　　　　B 戴手套
C 有第二者陪伴　　　　　　　　D 自己独立完成

2. 打开浓盐酸、浓硝酸、浓氨水等试剂的瓶塞时，应在（　　）中进行。

A 冷水浴　　　　B 走廊　　　　C 通风橱　　　　D 药品库

3. 蒸馏易燃液体可以用（　　）蒸馏。

A 酒精灯　　　　B 煤气灯　　　　C 管式电炉　　　　D 封闭电炉

4. 夏季打开易挥发溶剂瓶前，应先用（　　），瓶口不要对着人。

A 手轻摇　　　　B 冷水冷却　　　　C 温水冲洗　　　　D 蒸馏水冲洗瓶口

5. 在以下物质中，易分解爆炸的是（　　）。

A 高氯酸钾　　　　B 硝酸钾　　　　C 氯化钾　　　　D 铬酸钾

6. 在以下物质中，（　　）是易燃液体。

A 硫酸钠　　　　B 乙醛　　　　C 高锰酸钾　　　　D 碳酸氢钠

7. 在以下物质中，易燃的固体是（　　）。

A 硫黄　　　　B 硫酸钠　　　　C 氧化镁　　　　D 硫化钠

8. 下列混合物易发生燃烧或爆炸的是（　　）。

A　高氯酸钾-硫酸亚铁　　　　　　　　B　高锰酸钾-硫化钠

C　高氯酸钾-乙醇　　　　　　　　　　D　高锰酸钾-铬酸铅

9. 金属钠着火，可选用的灭火器是（　　　）。

A　泡沫式灭火器　　　　　　　　　　B　干粉灭火器

C　1211 灭火器　　　　　　　　　　D　7150 灭火器

10. 实验中，敞口的器皿发生燃烧，正确灭火的方法是（　　　）。

A　把容器移走　　　　　　　　　　　B　用水扑灭

C　用湿布扑救　　　　　　　　　　　D　切断加热源后，再扑救

11. 含无机酸类的废液可采用（　　　）处理。

A　沉淀法　　　　　B　萃取法　　　　　C　中和法　　　　　D　氧化还原法

12. 含砷废液常采用（　　　）处理后，中和后排放。

A　氧化还原法　　　　　　　　　　　B　氢氧化物共沉淀法

C　离子交换法　　　　　　　　　　　D　萃取分离法

13. 气瓶的材质常用（　　　）制成的圆柱形容器。

A　铝合金　　　　　B　钢合金　　　　　C　铁合金　　　　　D　锰钢

14. 气瓶所漆的颜色代表气瓶内气体的种类，氧气瓶的颜色是（　　　）。

A　淡绿色　　　　　B　黑色　　　　　C　灰色　　　　　D　天蓝色

15. 对处于假死状态的患者施行人工操作的方法叫（　　　）。

A　苏生法　　　　　B　抢救法　　　　　C　扶伤法　　　　　D　输氧法

三、判断题

1. 化验室的环境是保证检验结果正确性的基本条件。（　　　）

2. 进入质量工作区域，必须经办公室批准。（　　　）

3. 保证实验室工作安全、正常、有序、顺利进行，是实验室管理的一项重要工作。（　　　）

4. 化验室内可以用干净的器皿处理食物。（　　　）

5. 进行危险性工作时要戴口罩。（　　　）

6. 潜藏的危险因素只是指中毒危险性和燃烧爆炸危险性。（　　　）

7. 起火原因应同时具备两个条件，即该物质具有燃烧性和有氧气存在。（　　　）

8. 预防着火的有效措施之一，就是防止加热过程着火。（　　　）

9. 灭火时，必须根据火源类型选择合适的灭火器材。（　　　）

10. 实验过程中，不慎引起过氧化物起火，此时应立即用水浇灭。（　　　）

11. 金属钾或钠起火时，只能用干砂土或7150灭火器进行扑救。（　　　）

12. 接触中毒是指毒物接触到皮肤后，穿透表皮而被吸收引起的中毒。（　　　）

13. 毒性是毒物的剂量与效应之间的关系，以 LD_{50} 或 LC_{50} 表示。（　　　）

14. 第一类污染物是指对人体健康产生长远影响的污染物。（　　　）

15. 废气、废液和废渣的排放应根据当时情况决定是否排放。（　　　）

四、问答题

1. 化验室的位置为什么要远离生产车间、锅炉房等地方？

2. 何谓控制？为什么要对质量工作区域进行控制？

3. 安全守则的内容是什么？

4. 化验室潜藏的危险有哪些？

5. 化验室防火、防爆的措施有哪些？

6. 化验室灭火的措施和注意事项是什么?

7. 灭火器维护的内容有哪些?

8. 何谓中毒? 毒物侵入人身的途径有哪些? 中毒如何预防?

9. 举例说明中毒的症状及急救方法。

10. 化验室废弃物排放的准则是什么?

11. 含六价铬的废液如何处理?

12. 电炉的使用注意事项有哪些?

13. 如何正确使用电热恒温干燥箱?

14. 如何正确使用真空泵?

15. 如何防止电击?

16. 使用高压气瓶时,应注意哪些事项?

17. 何谓苏生法? 常用的方法有几种?

五、给出下列安全标志的含义

(   )   (   )   (   )   (   )

(   )   (   )   (   )   (   )

(   )   (   )   (   )

思考与练习题参考答案

第一章 绪 论

一、填空题

1.（三）、（物质）、（社会）、（功能）。

2.（明确的目标和任务）、（一定数量的化验室工作人员）、（必要的化验室建筑用房、仪器设备和其他设施）、（必需的经费）、（有关的信息资料）。

3.（原辅材料和产品质量分析检验功能）、（生产中控分析检验功能）、（为技术改造或新产品试验提供分析检验的功能）、（为社会提供分析检验功能）。

4.（提高化验室水平和化验室工作质量）、（加强化验室）、（组织效率）、（实现化验室组织的）。

二、选择题

1.（A） 2.（D） 3.（B） 4.（A）

三、问答题

1. 答：是依靠各类化验室分析检验系统的分析检验工作加以控制和确认的。

2. 答：早期的分析检验工作简单，生产技术水平低，对物质的需求没有质量的概念和标准，最初的检验工作可概括为"眼看、耳闻、口尝"。

现代分析检验工作，是按照生产工艺指标或质量标准的要求，相应的分析检验方法，配置相应要求设备管理与技术文件等技术装备和分析检验管理及技术人员，并拥有规范的检验管理制度，其分析检验的技术能力和水平较之早期时代有着天壤之别。

3. 答：①提高化验室水平和化验室工作的质量保证；②更科学有效地加强化验室建设，例如，提高技术装备水平、人员的合理分配、完备的分析检验工作质量保证体系等；③促进组织效率的提高。

4. 答：现代化实验室的标志是建立了科学、规范的化验室组织与管理体系和完备的分析检验工作质量保证体系并投入了运行；具备功能强大的分析检验系统；具有较高的化验室水平和化验室工作质量；获得 CMA/CNAS 的双重认可。

5. 答：从功能上讲：为生产各环节提供分析检验的是中控化验室；为产品进行监督、检验和创新的为中心化验室。

从职责和职能上讲：中控化验室是从事原材料、半成品的分析检验，及时提供中间环节的数据资料；中心化验室是对入厂原料的检测、仪器的校正和维修、标准试剂的配制工作的处理、对下属化验室有监督和指导作用。

联系：中控化验室在某种意义上讲是中心化验室的一个分支，它在业务上受中心化验室的指导和监督。

第二章 化验室组织机构与权责

一、填空题

1.（权力）、（行政）、（相对）。

2.（组织目标）、（人员）、（仪器）、（检验）。

3.（统筹）、（合理）、（建筑设施）、（技术队伍）、（科学管理）。

4.（配备）、（检验工作）。

5.（物力资源）、（人力资源）。

6.（检验人员的基本条件）、（化验室人员的构成）、（任职资格和条件）。

7.（中心化验室）、（车间化验室）、（班组化验室）。

8.（生产车间）、（班组中）。

9.（化验室在分析检验程序中所行使的有效权限范围）。

10.（组织的目标）、（活动）。

11.（所固有的发布命令和希望命令得到执行）。

二、判断题

1.（√）　2.（√）　3.（√）　4.（√）　5.（√）　6.（√）　7.（√）　8.（√）　9.（√）　10.（×）
11.（√）

三、问答题

1. 答：具有上岗合格证，熟悉检验专业知识；掌握采取样品的性质，熟悉采样方法，会使用采样工具；掌握分析所用各种标准溶液的配制、储存、发放程序；掌握动火分析方法、指标、采样时间、样品保留等必备知识；掌握控制分析、产品分析、原料分析方法以及控制指标、结果判定；掌握包装物检查管理规定、计量检斤规程及重量计算方法；认真填写原始记录、检验报告，能够独立解决工作中的一般技术问题；严格按程序和实施细则进行取样，按操作规程使用仪器设备，对使用的仪器设备做到按要求定期保养，使用后及时填写使用情况记录；努力钻研业务，参加各项培训和学术交流，积极参加比对试验，不断提高检验水平；检验工作要做到安全、文明、卫生规格化；做好安全保密工作，遵纪守纪，积极认真完成各项检验工作。

2. 答：负责车间的安全管理、技术管理、设备管理、计量器具管理、体系认证、班组经济核算、分析仪器维修、职工教育、材料计划、标准制定（或修订）、标准资料检索、分析方法研究、配合生产装置改造完成各项分析任务。负责员工安全教育、安全考核、日常安全活动；协助主任搞好安全监督检查、制定安全制度应急预案、查找不安全因素及其整改工作；监督检查各种仪器、设备、灭火器材、防护用具、消防设施是否符合要求；协助主任搞好安全竞赛、安全检查评比、安全论文及安全总结工作；检查种类标准执行情况、各化验室分析出现异常情况的处理；负责建立车间固定资产台账、大型分析仪器档案及操作规程、按体系要求的各种记录；编制仪器采购、更新、报废报告；定期对车间设备完好状况进行检查；编制计量器具校正计划。

3. 答：中心化验室包括若干个专业室，如标准溶液制备室、计量检查室、环保监测室、原料室、成品室、技术室、设备室、标准样品制备室等。

4. 答：中心化验室的权力范围：对出厂的产品和进厂的原料有行使监督检验的权力；有权对产品质量及生产过程的检验、质量管理、质量事故进行监督考核，有权行使质量否决权；对违反质量法规的行为有权制止并对所涉及的单位和个人提出处理意见；有权代表厂方处理质量拒付和争议以及厂内质量仲裁。

5. 答：负责检验业务的计划、调度、综合协调工作；财务管理、编制财务计划；所以质量记录档案及文件管理工作；统一对外行文、印章管理及后勤工作；日常信函接发及外来人员接待工作；安全、保卫、卫生保健等其他日常行政管理工作；办公用品、水电、车辆的使用管理和日常维修；完成领导布置的其他工作。

6. 答：负责"运行班"的技术业务工作。包括各种原始分析记录、台账、报表、分析传递票的技术工作；异常分析结果处理工作；计量器具校正工作；班组经济核算工作；协助主任搞好绩效考核工作。负责本班的技术业务工作；负责各种记录、报表、台账的准确性及规范记录等；负责检查操作人员操作技能、班组执行情况、分析结果准确性等工作；负责计量器具的校正工作，仪器破损应及时制订追加校正计划，保证数据的准确性；协助班长做好员工的绩效考核工作；负责合理化建议、攻关项目的上报工作。

7. 答：协助检验责任工程师对本系统的检验工作质量进行监督把关；认真检查和核实检验用技术标准、文件的有效性和使用执行是否正确以及环境条件和仪器设备是否符合规定要求；检查检验是否按规定程序进行；检查检验报告填写是否符合要求规定；监督检查各项规章制度及工作人员遵章守则情况，有权制止一切未经批准的方针、政策或手册规定的偏离，并及时向上级部门反映。

8. 答：认真学习和执行有关计量技术法规及计量器具检定规程；正确使用计量标准器具、标准物质，按规定对应检的仪器、计量器具送计量检定部门检定，并贴好检定标识，以保证计量器具处于良好的技术状态；将计量器具的检定结果、记录走廊归档；制订计量检定计划，定期检查各计量器具的使用情况，有权制止使用未检、检定不合格或超出检定周期的计量器具，有权停止使用发生故障、精度下降及不正常的计量器具，并将有关情况及时向上级报告。

9. 答：授权过程包括四个步骤。一是职责的分配，因为每位在岗企业成员都应承担一定的职责，这个职责是来自于企业目标和组织结构确定，客观条件所赋给每位成员的工作任务和应尽责任；二是进行权力的授予，即给予授权人相应的权力；三是明确责任，被授权者有责任去履行所分派的工作任务和正确地运用所委派的权力，在工作中向授权者承担责任；四是权力的收回，已授予的权力，只要情况需要就可以收回。

10. 答：首先要明确目标，授权的目的是为了有助于企业目标的实现，这是授权时总的基本原则。此外，授权者在授权时要掌握政策，按相关政策规定的要求授权；其次，在授权的同时应明确受权人的任务，目标及权责范围，做到权责相当；再次，虽然授权人可将职责和权力授予下级，但对企业的责任是绝对不能委派的，授权者要对整个企业目标的实现负总责任；最后，由于授权者对分派的职责负有最终的责任，因此要慎重选择受权者。

第三章　化验室建筑与设施建设管理

一、填空题

1.（初步设计）、（技术设计）、（施工图设计）。

2.（设计前的准备工作）、（初步设计阶段）、（技术设计阶段）、（施工图设计阶段）。

3.（房间位置）、（房间）、（房间尺寸）、（门）、（窗）、（墙面）、（地面）、（吊顶）、（通风柜）、（实验台）、（固定壁柜）。

4.（阳光）、（温度）、（湿度）、（粉尘）、（振动）、（磁场）、（有害气体）。

5.（单面）、（双面）、（检修）、（安全）。

6.（环境振源）、（自然）、（人工）、（在保证仪器设备能够正常工作并达到规定的测量精度的情况下，加上安全系数的考虑后，在其支承结构表面上所容许的最大振动值）。

7.（总管）、（干管）、（支管）。

8.（直接供水）、（高位水箱供水）、（混合供水）、（加压泵供水）。

9.（单面实验台）、（双面实验台）。

10.（长度）、（布置形式）、（6.0m）、（6.7m）、（7.2m）、（8.4m）。

二、问答题

1.答：编制计划任务书、选择和勘探基地、设计、施工，以及交付使用后的回访等。

2.答：四个过程，分别为设计前的准备工作、初步设计阶段、技术设计阶段和施工图设计阶段。具体要求：

设计前的准备工作：熟悉设计任务书、收集必要的设计原始数据、设计前的调查研究、学习有关方针政策，以及同类型设计的文件、图纸说明。

初步设计阶段：确定化验室的组合方式，选用所用建筑材料和结构方案，确定化验室在基地的位置，说明设计意图，分析设计方案在技术上、经济上的合理性，并提出概算书。

技术设计阶段：在初步设计阶段的基础上，进一步确定各化验室之间技术问题。

施工图设计阶段：满足施工要求，在初步设计基础上，综合建筑、结构、设备各工种，核对后，把满足化验室施工的各种具体要求反映在图纸上，做到图纸齐全统一，明确无误。

3.答：主要途径是根据振源的性质采取不同的防震措施。常用的方法有：消极隔振措施（支承式隔振措施和悬吊隔振措施）和积极隔振措施（加强地基刚度、加隔振装置、建造"隔振地坪"）。

4.答：分为局部排风和全室通风两种方式。注意问题是，通风设备应尽量靠近产生有害物的发源地，对于有害物不同的散发情况采用不同排气罩，其通风设备要便于实验操作和设备的维护检修。

5.答：化验室的供电线路宜直接由总配电室引出，避免与大功率用电设备共线，以减少线路电压波动。仪器一旦开始不宜频繁断电，可能使化验中断，影响化验的精确度，甚至导致试样损失、仪器装置破坏以至无法完成实验。

第四章　化验室检验系统及管理

一、填空题

1.（化验室检验系统的构成要素）、（化验室检验系统的构律）

2.（研究配置现状和规律）、（寻找人力资源利用的有效途径）。

3.（组成）、（结构）、（专业）、（技术职务）、（年龄）。

4.（加强思想政治教育工作）、（实行严格的聘任制）、（技术职务评定工作经常化、制度化）、（设立技术成果奖）。

5.（仪器设备的计划管理）、（日常事务管理）、（技术管理）、（使用管理）、（经济管理）。

6.（仪器设备购置计划的编制）、（仪器设备的申购、选型、论证和审批）、（仪器设备申购计划的实施）。

7.（仪器设备的账卡建立和定期检查核对）、（仪器设备的保养和使用）、（仪器设备的调拨和报废）、（仪器设备损坏、丢失的赔偿处理）。

8.（最有效的做到买好）、（用好）、（管好）。

9.（电子线路）、（元器件）、（机械部件）、（计算机的主机）、（中央处理）、（外部设备）、（各种程序）。

10.（数据的录入、修改和删除功能）、（数据的自动检测、运算、统计分析功能）、（非数值计算的信息处理功能，统计和检索功能）、（打印报表、检测报告和网络传输功能）、（图形功能和辅助预测决策功能）。

11.（计算机系统硬软件的实物管理）、（计算机系统运行的环境管理）、（计算机系统的安全防范）。

12.（经常储备定额）、（保险储备定额）、（从上一批材料进库开始，到后一批材料进库之前的储备量）、（在材料供应中，为防止因运输停滞、交货期延误、材料质量不合要求等原因造成材料来源不济而建立的供若干任务需要的储备量）。

13.（储备定额）、（材料及低值易耗品的供应间隔周期和平均每天需用量）、（$M=L_tD$）。

14.（对所存储的材料严格验收、妥善保管、厉行节约、保证安全）、（健全和执行相关的规章制度）、（实施岗位责任制，提供规范合格的服务）。

15.（八）、（按信息来源）、（管理层次）。

16.（收集）、（加工）、（传递）、（存储）、（检索）、（输出）。

17.（管理性文件资料）、（工作过程性文件资料）、（技术性文件资料）。

二、选择题

1.（A）　2.（A）　3.（B）　4.（D）　5.（A）　6.（A）　7.（B）　8.（A）　9.（A）　10.（A）

三、问答题

1. 答：化验室检验系统是整个化验室组织系统的重要组成部分，是根据不同的检验项目，集合相应的检验技术条件，构成一个与检验的性质、任务和要求相符合的检验技术环境，由检验系统中各类人员有组织地进行检验的技术和管理工作，从而完成其系统的目标和任务。

化验室检验系统的构建主要是依据化验室所要进行的分析检验项目，选择或建立相应的分析检验方法或分析检验操作规程，确定所需要的仪器设备、化学试剂和其他一些必需的材料，最后确定需要的人力资源。

构建化验室检验系统时，应充分注意系统各基本要素的有机匹配，在选择或建立相应的分析检验方法或分析检验操作规程时，以满足生产工艺指标或原辅材料及产品执行标准的要求为准；在选用检验仪器设备时也是如此，不要盲目地追求高新仪器设备；人力资源应从专业结构、技术职务结构和年龄结构等方面进行合理的配置；发挥化验室检验系统功能的同时，使化验室检验系统的运行成本较低。

2. 答：人力资源管理内容指对人力资源的取得、开发、保持和利用等方面所进行的计划、组织、指挥、控制盒协调的活动。即通过不断地获取人力资源，把得到的人力资源整合到化验室检验系统中，保持、激励、培养他们对组织的忠诚、积极并提高绩效。

3. 答：化验室检验系统人力资源的构建主要从两方面考虑，一是化验室检验系统人力资源的组成。主要是从事检验工作的技术人员和研究人员，检验系统的管理人员和其他的辅助人员等。二是化验室检验系统人力资源的结构。既专业结构、技术职务结构和年龄结构。

4. 答：化验室仪器设备和材料是化验室检验系统的要素之一。首先是使仪器设备的型号和性能、材料的质量达到分析检验方法或分析检验规程的要求，保证仪器设备的正常运行；促进各类仪器设备相互弥补、协同工作，发挥其最大的使用潜能；以最小的投入和运行成本，实行化验室检验系统的任务和目标。

5. 答：仪器设备的计划包括三方面的工作。①仪器设备购置计划的编制。②仪器设备的申购、选型、论证和审批。③仪器设备申购计划的实施。

6. 答：仪器设备的技术管理包括三方面的工作。①仪器的验收。主要从实物和技术性能两方面进行验收。②仪器设备的维护保养和修理。首先应根据仪器设备的特点制定维护保养细则，严格做到维护保养工作经常化、制度化，坚持实行"三防四定"制度。③仪器设备性能的技术鉴定和校验。

7. 答：仪器设备的经济管理包括三方面的工作。①经济合理地选购和使用仪器设备。②提高仪器设备的投资效益。③提高仪器设备的完好率和利用率。

8. 答：基本要求有：①适应化验室各项工作的数据组织和处理要求。②满足化验室计算机系统的基本功能。③为用户提供友好操作界面，键盘输入和打印输出灵活方便。④系统运行效率高，有良好的系统扩充能力。⑤具有良好的安全防范能力。

9. 答：化验室材料管理有材料的分类、材料的定额管理和材料的仓库管理三个方面。

意义在于保证化验室检验系统目标任务完成的最基本的物质条件。

材料的定额是指其消耗、供应和储备的标准数量。其作用是通过制定材料定额，为化验室合理地编制材料计划和经费分配计划提供重要的依据；增强化验室的节支措施；促进化验室管理水平的提高。

10. 答：对化验室所需要的各种材料，按其价格高低、用量大小、重要程度和采购难易分为ABC三类，对占用储备资金多、采购较难且重要的材料定为A类材料，在订购批量和储存管理等方面，实行重点控制；对占用资金少、采购容易、比较次要的材料定为C类材料，采用较为简单的方法加以控制；对处于上述两类中间的材料定为B材料，采用通常的方法进行管理和采购。

11. 答：按用途和化学组成分类：无机分析试剂；有机分析试剂；特效试剂；基准试剂；标准物质；仪器分析试剂；指示剂；生化指示剂；高纯试剂；液晶等。

按纯度分类：高纯；光谱纯；分光纯；基准纯；优级纯；分析纯；化学纯。

依据是按照国家标准 GB 15346—2012 将化学试剂分为不同门类、等级。

12. 答：使用时，首先要熟悉其性质；如市售强酸和强碱的浓度、化学特性等；有机溶剂的挥发性、可燃性、毒性等。取用时按照相关规定进行。

化学试剂要分类存放，如无机试剂可按酸、碱、盐、氧化物、单质等分类；盐类可按阳离子分类；有机试剂一般按官能团排列；指示剂可按用途分类；专用有机试剂可按测定对象分类。

易燃易爆品应存放于主建筑外的防火库内底下、不易碰撞的地方，库内应配备相应的灭火器和自动报警装置。易爆品储存温度在30℃以下，易燃品不宜超过28℃，并用良好的通风效果，移动时轻拿轻放。

遇水燃烧品，应保存在煤油中，瓶塞要严密，存放时不会被撞倒、不会遇水的地方。自燃试剂要保存与水中。

易燃气体要存放与室外专设的通风干燥的气瓶室内。氧化剂、腐蚀性试剂，不得与易燃、易爆品存放在一起。

剧毒品应设专人保管，现领先用，剩余品要及时交回保管人，做好使用登记记录。

液体有机试剂，一般不要和固体试剂存放与同一柜中，试剂和溶液要分别保存。化学试剂溶液只能在其有效期内使用。

13. 答：化验室作为组织生产、科研等活动的组织系统，对作用于化验室并影响化验室目标任务完成的各种信息的管理事非常重要的。

14. 答：第一，建档材料要具有完整性、准确性和系统性，首先做好材料的收集、整理和筛选，然后按科学方法进行分类归档，并根据需要合理地确定建档材料的保存期限。对于保密文件应单独建档，同时写明保密级别。第二，建档材料要符合标准化、规范化的要求，建档的文件材料一般情况下应为原件，并要做到质地优良、格式统一、书写工整、装订整洁，不能用铅笔、圆珠笔书写。第三，建档手续要完备，建立必要的档案材料审查手续和档案管理移交手续。第四，建档材料要适合计算机管理，便于录入、统计、检索、打印和传输等。

15. 答：化验室文件资料通常有管理性文件资料、工作过程性文件资料和技术性文件资料。

管理性文件资料是指导化验室开展各方面工作的法律法规、上级组织和相关管理机构的文件、化验室自身的管理性文件等。

工作过程性文件资料是指导化验室及其管理部门在开展各项工作中的报告、讲稿、记录、总结以及各种工作处理材料等文件。

技术性文件资料是指分析检验技术工作应遵循的技术指导文件或分析检验工作技术上相关的文件资料。

第五章 化验室质量与标准化管理

一、填空题

1.（有具体实物产物的有形产品）、（没有具体实物产物的无形产品）。

2.（技术标准）、（管理标准）、（工作标准）。

3.（策划）、（实施）、（检查）、（行动）。

4.（简化的目的）、（简化的原则）、（简化的基本方法）、（简化的实质）。

5.（保证职能）、（预防职能）、（报告职能）。

6.（接收进货报验单）、（取样）、（样品登记）、（样品检验）（填写记录）、（出具检验报告单）。

7.（产品符合国家标准或者行业标准要求）、（产品质量稳定，能正常批量生产）、（生产企业的质量体系符合国家质量管理和质量保证标准及补充要求）。

8.（申请及评定）、（监督管理）。

9.（申请）、（现场评审）、（批准认可）、（监督和复评审）（能力验证）。

10.（ISO 9000 基础和术语）、（ISO 9001 要求）、（ISO 9004:2009 追求组织的持续成功 质量管理方法）、（ISO 19011:2018 管理体系 审核指南）。

二、名词解释

1.质量：一组固有特性满足要求的程度。

2.质量管理：在质量方面指挥和控制组织的协调的活动。

3.标准化：是为在一定的范围内获得最佳秩序，对实际的或潜在的问题制定共同的和重复使用的规则的活动。

4.产品：是一组将输入转化为输出的相互关联或相互作用的活动的结果。

5.认证：是指第三方依据程序对产品、过程或服务符合规定的要求给予书面保证（合格证书）。

6.认可：是指一个权威团体依据程序对一个团体或个人具有从事特定任务的能力给予正式承认。

三、选择题

1.（A） 2.（B） 3.（ABD） 4.（A） 5.（C） 6.（C） 7.（CBA） 8.（B） 9.（A） 10.（D）

四、判断题

1.（×） 2.（×） 3.（√） 4.（×） 5.（×） 6.（×） 7.（×） 8.（√） 9.（√） 10.（√）

五、问答题

1.答：产品质量与工作质量是既不相同又密切联系的两个概念。产品质量取决于工作质量，工作质量是保证产品质量的前提条件。产品质量是企业各部门、各环节工作质量的综合反映，因此，实施质量管理，既要搞好产品质量，又要搞好工作质量。而且，应该把重点放在工作质量上，通过保证和提高工作质量来保证产品质量。

2.答：标准化的基本原理通常是指统一原理、简化原理、协调原理和最优化原理。

3.答：化验室在企业生产中具有的质量职能分别为：①认真贯彻国家关于产品质量的法律、法规和政策，制定和健全本企业有关质量管理、质量检验的工作制度。②确立质量第一和用户服务的思想，充分发挥质量检验的保证、预防和报告职能，以保证进入市场的产品符合质量标准，满足用户需要。③参与新产品开发过程的审查和鉴定工作。④严格执行产品技术标准、合同和有关技术文件，负责对产品生产的原材料进货验收、工序和成品检验，并按规定签发检验报告。⑤发现生产过程中出现或将要出现大量废品，而尚无技术组织措施的时候，应及时报告企业负责人，并通知质量管理部门。⑥指导、检查生产过程的自检、互检工作，并监督其实施。⑦认真做好质量检验原始记录和分析工作并按日、周、旬、月、季、年编写质量动态报告，向企业负责人和有关管理部门反馈，异常信息应随时报告。⑧参与对各类质量事故的调查工作，追查原因。⑨对企业负责人做出的有关质量的决定有不同意见的、有权保留意见，并报告上级主管部门。⑩负责发放、管理企业使用的计量器具，做好量值传递工作。对生产中使用的工具、仪表、计量器具等，按计量管理规范定期进行检验（或送检），以保证其计量性能及生产原始基准的精确性。对未按期送检定的仪器、仪表、计量装置，有权停止使用。⑪加强自身建设，不断提高检验人员的思想素质、技术素质和工作质量，确保专职检验人员的质量管理前卫作用。⑫加强质量档案管理，确保质量信息的可追溯性。⑬积极研究和推广先进的质量检验和质量控制方法，加速质量管理和检验现代化。⑭积极配合有关部门做好售后服务工作，努力收集用户信息并及时反馈。⑮制定、统计并考核各个生产车间、部门的质量指标，并作出评价。

4. 答：通过对进厂的原材料、半成品、成品的检验，以及生产过程中工序的检验，产品出厂前的成品检验，搜集数据，对被检验对象与技术要求进行比较，做出合格、不合格的判断。合格的放行，不合格的剔除并向上级报告。同时对于搜集到的数据进行分析，为提高和改进产品质量提供依据，对于不合格的项目通过分析，找出原因，制定纠正措施，避免同类不合格事件的再发生。

5. 答：产品质量认证：由可以充分信任的第三方证实某一产品或服务符合特定标准或其他技术规范的活动。

基本条件：①产品符合国家标准或者行业标准要求；产品质量稳定，能正常批量生产；②产品质量稳定，能正常批量生产；③生产企业的质量体系符合国家质量管理和质量保证标准及补充要求。

6. 答：实验室认可：实验室认可机构对实验室有能力进行规定类型的检测和（或）校准所给予的一种正式承认。

基本程序：①申请，②现场评审，③批准认可，④监督和复评审，⑤能力验证

7. 答：认证和认可的本质区别是：①两者主体不同。认证的主体是具备能力和资格的第三方，由合格的第三方实施认证的工作，以保证认证工作的公正性和独立性。认可的主体是权威团体，这里一般是指由政府授权组建的一个组织，具有足够的权威性。②两者的对象不同。认证的对象是产品、过程或服务，如质量管理体系认证、产品质量认证、环境管理体系认证等。认可的对象是从事特定任务的团体或个人，如检验机构、实验室、管理体系认证机构以及审核员、审核员培训机构等。③两者的目的不同。认证是符合性认证，以质量管理体系的认证为例，其目的在于质量管理体系认证机构对组织所建的质量管理体系是否符合规定的要求进行证明。认可是具备能力的证明，即认可机构和质量管理体系审核员是否具备从事质量管理体系认证工作的资格和能力进行考核和证明。

8. 答：国际标准的特点是：①重视基础标准的制定，以作为其他国际标准制定的基础、依据和先导。②测试方法标准占有极重要的位置。③突出安全、卫生标准。④注意发展产品标准的同时发展管理标准。⑤存在一些典型的不统一状况。⑥信息标准发展迅猛。

第六章　化验室检验质量保证体系的构建与管理

一、填空题

1.（检验过程质量保证）、（检验人员素质保证）、（检验仪器、设备和环境保证）、（检验质量申诉处理）、（检验事故处理）。

2.（采样和制样质量控制）、（检验与结果数据处理的质量控制）、（其他注意事项）。

3.(监督检验是否具备执行标准所需的检验仪器设备,并能达到使用要求)、(监督检查实验室环境条件是否满足标准要求)、(监督检查测试仪器和检测设备及工具是否经过计量检定,并有计量检定证书)。

4.(绿)、(黄)、(红)。

5.(检验结果的需方对检验结果或得出检验结果的过程提出疑问或表示怀疑,并要求提供检验结果的一方作出合理的解释或处理)、(由于人为的差错导致检验结果质量较差,造成了不好的影响)、(是指在检验工作过程中,由于人为的差错或一些客观的、不可预见的因素导致仪器设备损坏或人身伤亡)。

6.(审核文件)、(现场评审的准备)、(现场检查与评审)和(提出评审报告)。

二、选择题

1.(A) 2.(B) 3.(C) 4.(D) 5.(C)

三、问答题

1.答:构建化验室检验质量保证体系的依据是 GB/T 19001—2008《质量管理体系要求》。

构建化验室质量保证体系:要围绕该体系 5 个方面的要素,进行管理组织结构的建设;确定相应的管理程序和管理过程;明确各类人员的素质和能力,要求并制定和实施人员培训计划,制定保证体系中各类人员岗位职责;按需要配备相应的检验仪器和设备,制定使用、管理办法;收集和制定需要的技术标准、检验方法和检验操作规程等;创造良好的检验工作和仪器设备运行环境;制定检验质量申诉处理和检验事故处理办法;制定化验室检验质量保证体系运行监督和内部评审办法,建立化验室实现量值溯源的程序,综合编制《化验室质量管理手册》。

2.答:负责中心化验室检验制度、规范的制订和完善;负责各种检验、测试仪器的妥善使用;负责各种标液、试剂、材料的准备和保管、正确使用;负责监测员的技术培训和技能提高等。

3.答:我国公民基本道德规范:爱国守法,明礼诚信,团结友善,勤俭自强,敬业奉献。

检验人员全面素质的内涵:检验人员应具有良好的思想政治素质、社会责任感、与时俱进的意识和行动,勤学上进,跟上时代发展的步伐;遵守公民基本道德规范,具有良好的职业道德和行为规范、健康的生理和心理素质以及资源和环境等可持续发展意识;具有与社会主义市场经济建设相适应的竞争意识以及较强的事业心和责任感;爱岗敬业,热爱企业、热爱自己的工作岗位,有较强的团队精神和与人合作的能力;具有吃苦耐劳、艰苦创业和勇于创新精神;良好的文化基础知识和检验工作相关知识、基本理论、操作技能;具备初步阅读专业技术资料、英文技术资料的能力及英文技术资料基本翻译技巧;具备基本的计算机操作技能和应用能力、分析解决问题能力、独立工作能力、理解和表达及终身学习能力;能认真履行岗位职责,把好检验工作质量关,为企业的发展尽职尽责。

4.答:检验质量申诉处理:遵照检验质量申诉和检验质量事故处理办法规定的程序,由检验质量负责人检查该项检验的原始记录和所使用仪器设备的状态,了解检验操作方法及检验过程。在此基础上召集相关的人员,通报了解的情况,分析原因,最后确定处理方案。

检验质量事故处理:检验质量事故按检验质量事故处理办法规定的程序,由检验质量负责人和安全工作负责人组织相关人员,进行各方面调查了解,分析造成这种人为差错的原因,分清人为责任的比重,采取相应的处理措施,追究人为的责任;仪器设备损坏或人身伤亡事故由检验质量负责人和安全工作负责人组织相关人员,认真勘查事故现场,了解相关人员,查明事故各方面的原因,召开专门会议,分析原因,研究处理方案。

第七章　化验室的环境与安全

一、填空题

1.（锅炉房）、（交通要道）、（震动）、（噪声）、（烟雾）、（电磁辐射）。

2.（标准）、（监督）、（纠偏）。

3.（组织质量目标）、（作业）。

4.（爆炸）、（中毒）、（触电）、（割伤、烫伤和冻伤）、（射线）。

5.（火药和炸药）、（易分解的）。

6.（加热过程）、（化学反应过程）。

7.（少量物质）、（刺激）、（整个机体功能）。

8.（呼吸）、（接触）、（摄入）。

9.（4）。

10.（废气、废水和废渣）。

11.（解毒）、（深埋）。

12.（电击）。

13.（静电）。

14.（静电放电时瞬间产生的冲击性）。

15.（腐蚀性化学试剂）。

二、选择题

1.（C）　2.（C）　3.（D）　4.（B）　5.（A）　6.（B）　7.（A）　8.（C）　9.（D）　10.（D）　11.（C）
12.（B）　13.（D）　14.（D）　15.（A）

三、判断题

1.（√）　2.（×）　3.（√）　4.（×）　5.（√）　6.（×）　7.（×）　8.（√）　9.（√）　10.（×）
11.（√）　12.（√）　13.（√）　14.（√）　15.（√）

四、问答题

1. 答：防止粉尘、震动、噪声、烟雾、电磁辐射等环境因素对分析检验工作的影响和干扰。

2. 答：控制：是在依据标准的前提下，通过监督与纠偏的方法有效地完成检验工作的过程。

质量工作区域：是指完成组织质量目标而进行作业的场所。由于这些场所的工作性质直接与质量目标有着密切的联系，因此为满足质量要求，需要对这些场所进行控制。

3. 答：安全守则的内容是：①分析人员必须认真学习分析规程和有关的安全技术规程，了解设备性能及操作中可能发生事故的原因，掌握预防和处理事故的方法。②进行有危险性的工作，应有第二者陪伴。③玻璃管与胶管、胶塞等拆装时，应先用水浇湿，手上垫棉布，以免玻璃管折断扎伤。④打开浓盐酸、浓硝酸、浓氨水试剂瓶塞时应戴防护用具，在通风橱中进行。⑤夏季打开易挥发溶剂瓶塞前，应先用冷水冷却，瓶口不要对着人。⑥稀释浓硫酸的容器如烧杯或锥形瓶要放在塑料盆中，只能将浓硫酸慢慢倒入水中，不能相反，必要时用水冷却。⑦蒸馏易燃液体严禁明火，蒸馏过程不得离人，以防温度过高或冷却水突然中断。⑧化验室内每瓶试剂必须贴有明显的与内容相符的标签，严禁将用完的原装试剂空瓶不更新标签而装入别种试剂。⑨操作中不得离开岗位，必须离开时要委托本室人员负责看管。⑩化验室内禁止吸烟、进食，不能用实验器皿处理食物，离室前用肥皂洗手。⑪工作时应穿工作服，长发要扎起，不应在食堂等公共场所穿工作服，进行有危险性的工作要加戴防护用具。⑫每日工作完毕检查水、电、气、窗，进行安全登记后方可锁门。

4. 答：化验室潜藏的危险有爆炸危险性，中毒危险性，触电危险性，割伤、烫伤和冻伤危险性以及射线危险性。

5. 答：预防加热过程着火：在加热的热源附近严禁放置易燃易爆物品；灼烧的物品不能直接放在木制的实验台上，应放置在石棉板上；蒸馏、蒸发和回流易燃物时，绝不允许用明火直接加热，可采用水浴、砂浴等加热；在蒸馏、蒸发和回流可燃液体时，操作人员不能离开现场，要注意仪器和冷凝器的正常运行；加热用的酒精灯、煤气灯、电炉等加热器使用完毕后，应立即关闭；禁止用火焰检查可燃气体（如煤气、乙炔气等）泄漏的地方，应该用肥皂水来检查漏气；倾注或使用易燃物时，附近不得有明火；点燃煤气灯时，必须先关闭风门，划着火柴，再开煤气，最后调节风量。停用时要先关闭风，后闭煤气；身上或手上沾有易燃物时，应立即清洗干净，不得靠近火源，以防着火；化验室内不宜存放过多的易燃易爆物品，且应低温存放，远离火源。

预防化学反应过程着火：检查人员对其所进行的实验，必须熟知其反应原理和所用化学试剂的特性。对于有危险的实验，应事先做好防护措施以及事故发生后的处理方法；易发生爆炸的实验操作应在通风橱内进行，操作人员应穿戴必要的工作服和其他防护用具，且应两人以上在场；严谨可燃物与氧化剂一起研磨，以防发生燃烧或爆炸；易燃液体的废液应设置专用储器收集，不得倒入下水道，以免引起燃爆事故；检验人员在工作中不要使用不知其成分的物质，如果必须进行性质不明的实验，试料用量先从最小计量开始，同时要采取安全措施；及时销毁残存的易燃易爆物品，消除隐患。

6. 答：灭火措施：防止火势扩展，首先切断电源，关闭煤气阀门，快速移走附近的可燃物；根据起火的原因及性质，采取妥当的措施扑灭火焰；火势较猛时，应根据具体情况，选用适当的灭火器，并立即与或经联系，请求救援。

注意事项：一定要根据火源类型选择合适的灭火器材；电器设备及电线着火时必须关闭总电源，再用四氯化碳灭火器熄灭已燃烧的电线及设备；在回流加热时，由于安装不当或冷凝效果不佳而失火，应先切断加热源，再进行扑救。但绝对不可以用其他物品堵住冷凝管上口；实验过程中，若敞口的器皿中发生燃烧，在切断加热源后，再设法找一个适当材料盖住器皿口，使火熄灭；对于扑救有毒气体火情时，一定要注意防毒；衣服着火时，不可慌张乱跑，应立即用湿布等物品灭火，如燃烧面积较大，可躺在地上打滚，熄灭火焰。

7. 答：灭火器应定期检查并按时更换药液；临使用前必须检查喷嘴是否通畅，如有阻塞，应用铁丝疏通后再使用，以免造成爆炸；使用后应彻底清洗，并及时更换已损坏的零件；灭火器应安放在固定明显的地方，不得随意挪动。

8. 答：中毒：中毒是指某些侵入人体的少量物质引起局部刺激或整个机体功能障碍的任何疾病。

毒物侵入人体的途径：呼吸中毒、接触中毒和摄入中毒。

中毒的预防：化验室工作人员一定要熟知本岗位的检验项目以及所用药品的性质；所用的一切化学药品必须有标签，剧毒药品要有明显的标志；严禁试剂入口，用移液管吸取试液时应用吸耳球操作而不能用嘴；严禁用鼻子贴近试剂瓶口鉴别试剂。正确做法是将试剂瓶远离鼻子，以手轻轻煽动稍闻其味即可；对于能够产生有毒气体或蒸气的实验，必须在通风橱内完成；使用毒物实验的操作者，在实验过程中，一定要严格地按照操作规程完成，实验结束后，必须用肥皂充分洗手；采取有毒试样时，一定要事先做好预防工作；装有煤气管道的化验室，应经常注意检查管道和开关的严密性，避免漏气；尽量避免手与有毒物质直接接触。严禁在化验室内饮食；实验过程中如出现头晕、四肢无力、呼吸困难、恶心等症状，说明可能中毒，应立即离开化验室，到户外呼吸新鲜空气，严重的送往医院救治。

9. 答：例如，铅及其化合物中毒，其症状为呕吐、流黏泪、腹痛、便秘等。急救方法：急性中毒时用硫酸钠或硫酸镁灌肠，送医院治疗。再如，一氧化碳和煤气中毒，其症状为头晕、恶心、全身无力、重度中毒时立即陷入昏迷、呼吸停止而死亡。急救方法：移至新鲜空气处，注意保温，人工呼吸、输氧，送至医院治疗。

10. 答：分类收集、存放，分别集中处理。废弃物排放符合国家有关环境排放标准。

11. 答：可采用先还原后沉淀的方法，在 pH$<$3 条件下，向废液中加入固体亚硫酸钠至溶液由黄色变成绿色为止，再向此溶液中加入 5％的 NaOH 溶液，调节 pH 为 7.5～8.5，使 Cr^{3+} 完全以 $Cr(OH)_3$ 形式存在，分离沉淀，上层液再用二苯基碳酰二肼试剂检查是否有铬，确证不含铬后才能排放。

12. 答：电源应采用电闸开关，不要只靠插头控制，最好与调压器相接，以便通过电压的调节，控制电炉的发热量，获得所需的工作温度；电炉不要放在木质、塑料等可燃的实验台上，若需要可在电炉下面垫上隔热层如石棉板等；炉盘凹槽中要保持清洁，及时清除污物，保持电阻丝传热良好，延长使用寿命；加热玻璃容器时，必须垫上石棉网；加热金属容器时，注意容器不能触及电阻丝，最好在断电的情况下取放被加热的容器；更换电阻丝时，新换上的电阻丝的功率应与原来的相同；电炉连续使用时间不应过长，电源电压与电炉本身规定的使用电压相同，否则会影响电阻丝的使用寿命。

13. 答：烘箱应安装在室内干燥和水平处，防止振动和腐蚀；根据烘箱的功率、所需电源电压指标，配置合适的插头、插座和保险丝，并接好地线；使用烘箱时，首先打开烘箱上方的排气孔，不用时把排气孔关好，防止灰尘及其他有害气体侵入；烘干物品时，物品应放在表面皿上或称量瓶、瓷质容器中，不应将物品直接放在烘箱内的隔板上；烘箱只供实验中干燥样品及器皿等用，严禁在烘箱中烘烤食品；烘箱内严禁烘易燃易爆、有腐蚀性的物品，以防发生事故；用完后应及时切断电源，并把调温旋钮调至零位。

14. 答：开泵前首先检查泵内润滑油的液位是否在标线处。油过多（高于标线）运转时油会随着气体由排气孔向外飞溅；油量不足（低于标线）泵体不能完全浸没，达不到密封和润滑的目的，容易使泵体损坏；真空泵使用三相电源，送电之前必须取下皮带，检查电动机机轮转动的方向，如与泵轮箭头方向一致，方可供电；在真空泵与被抽气系统之间必须连接安全瓶（空的玻璃瓶）、干燥过滤塔（内装无水氯化钙、固体氢氧化钠、变色硅胶、石蜡、玻璃棉等，用以除去水分、有机物和杂质等），以免进入泵内污染润滑油；运转中若发现电动机发热或声音不正常，应立即停止使用，进行检修；真空泵要定期换油并清洗入气口的细纱网，防止固体颗粒落入泵内；停泵之前必须先解除抽气系统的真空（即放空与大气压平衡），然后才能拔下插头、断电，否则真空泵内的润滑油将被吸入抽气系统，造成严重事故。

15. 答：电器设备完好、绝缘好，并有良好的保护接地；操作电器时，手必须干燥。因为手潮湿时，电阻显著减小，容易引起电击。不得直接接触绝缘不好的设备；一切电源裸露部分都应有绝缘装置，如电线接头应裹以胶布；修理或安装电器设备时，必须先切断电源，不允许带电工作；已损坏的插座、插头或绝缘不良的电线应及时更换；不能用试电笔去试高压电；使用漏电保护器。

16. 答：气瓶必须存在阴凉、干燥、远离热源的房间，并且要严谨明火，防暴晒。除不可燃性气体外，一律不得进入实验楼内；使用气瓶时要直立固定放置，防止倾倒；搬运气瓶应轻拿轻放，防止摔掷、敲击、滚动或剧烈振动。搬运前瓶嘴戴上安全帽，以防不慎摔断瓶嘴发生事故；使用期间的气瓶应定期进行检查，不合格的气瓶应报废或降级使用；气瓶的减压阀要专用，安装时螺口要上紧（应旋进 7 圈螺纹，俗称"吃七牙"）不得漏气。开启高压气瓶时，操作者应站在气瓶口侧面，动作要慢以减少气流摩擦，防止产生静电；易起聚合反映的气体钢瓶，如乙炔、乙烯等，应在储存期限内使用；氧气瓶及其专用工具严谨与油类物质接触，操作人员也不能穿戴沾有油脂或油污的工作服、手套进行工作；装有可燃气体的钢瓶如氢气瓶等与明火的距离不应小于 10cm；瓶内气体不得全部用尽，一般应保持 0.2～1MPa 的余压（以备充气单位检验取样所需及防止其他气体倒灌）；气瓶使用前应进行安全状况检查，注意气瓶上漆的颜色及标志，对盛装气体进行确认；严禁在气瓶上进行电焊引弧，不得进行焊接修理；液化石油气瓶用户，不得将气瓶内的液化石油气像其他气瓶倒装，不得自行处理气瓶内残液；气瓶必须专瓶专用，不得擅自改装，以免性质相抵触的气体相混发生化学反应而爆炸；气瓶使用的减压阀要专用，氧气气瓶使用的减压阀可用在氮气或空气气瓶上，但用于氮气气瓶的减压阀如用在氧气气瓶上，必须将油脂充分洗净再用。

17. 答：苏生法是对处于假死状态的患者施行人工操作，以抢救将要失去的生命为目的的急救方法之一。

常用的方法有：口对口人工呼吸法和心脏按压法。

五、给出下列安全标志的含义

当心火灾	当心腐蚀	必须戴防护手套	必须戴防护眼镜
禁止跨越	禁止用水灭火	禁止靠近	禁止烟火
当心中毒	禁止通行	禁止饮用	

参 考 文 献

［1］ 国家标准化管理委员会编 . 中华人民共和国强制性地方标准和行业标准目录（2005）. 北京：中国标准出版社，2006.

［2］ 姜洪文，王英健 . 化工分析 . 第 2 版 . 北京：化学工业出版社，2019.

［3］ 中化化工标准化研究所 . 危险化学品标准汇编 . 北京：中国标准出版社，2004.

［4］ 夏玉宇 . 化学实验室手册 . 第 3 版 . 北京：化学工业出版社，2015.

［5］ 王秀萍，刘世纯，常平 . 实用分析化验工读本 . 第 4 版 . 北京：化学工业出版社，2016.

［6］ GB/T 3181—2008 漆膜颜色标准 .

［7］ GB 2894—2008 安全标志及其使用导则 .

［8］ GB 15346—2012 化学试剂　包装及标志 .

［9］ TSG R0006—2014 气瓶安全技术监察规程 .

［10］ GB/T 7144—2016 气瓶颜色标志 .

［11］ CNAS-RL01:2018 实验室认可规则 .

［12］ CNAS-GL:2018 实验室认可指南 .